PPT炼成记

——高效能PPT达人的10堂必修课

曹将 / 编著

U0244615

中国青年出版社

中青雄狮

你离PPT达人只有很短的距离

本书有什么特色?

市面上绝大多数讲PPT功能的书都有以下类似特点:

讲解太多,案例太少——呆板!

满眼截图,步骤繁复——乏味!

随书附盘,海量赠送——凑数!

本书具备的以下特质绝对让你无力吐槽,相见恨晚!

从问题出发,专业讲解——超强实用性!

文字轻松,图解丰富——人性化体贴!

微信+微博+博客——全方位互动,有问必答!

超值资源,拿来即用——不求海量,但求精华!

通过本书能学会什么?

拆分PPT高手的各类模板作品,将亮眼之处轻松化为己有

快速插入文字、图表、图片、动画、视频等各种素材

抓住排版关键技巧,让你的排版效率提高10倍

掌握字体线条形状表格图表的千变万化,震撼全场

解析颜色的秘密,让你的PPT富有个性和设计感

压缩加密投影分享微博发帖,分享时代的必杀技

……

所以,本书是PPT界的万能宝典,也是职场人士的杀手锏!!

本书适合谁看?

假如

你是零基础学PPT的菜鸟,想用最短的时间成为PPT达人,请下单!

你有一定的PPT基础,想迈入PPT设计师的行列,却不想花天价参加培训,请下单!

你是公司白领,需要做出上档次的PPT让老板、同事对你刮目相看,请下单!

你是销售推广人员,需要让你的PPT从竞标展示的众多PPT中脱颖而出, 请下单!

本书附送的资源有什么？

你最关心的问题，让我猜猜：有没有超值海量的赠送？
你真的需要100G的模板吗？根本不是吧！！
你需要的是上档次、实用、时尚的精华资源吧！！
本书附送的网盘下载资料中包含以下资源：
原创的PPT模板库
168段PPT应用技巧教学视频
64款商业实用PPT模板
职场培训干货
PPT高手作品分享，不求海量，但求精选！
PPT插件免费使用（PPT动画大师、素材夹、全能手、超级工具包、pptPlex）

想成为真正的PPT高手需要长期不懈的学习，因此我们提供书本之外更多的学习资源，您只需扫一扫！

步骤01 用手机扫描右边的二维码。
或在微信"通讯录"–"添加"–"查找公众号"中输入"曹将
PPTao（或CJPPTAO）"，即可关注笔者的微信账号。

步骤02 找到历史资源。
进入笔者微信账号页
面，点按右上角人形按
钮，再轻点"查看历史
消息"，即可看到丰富
的PPT资源！
而且每天都在更新哦！

一定记住：想看更多更新、令人尖叫的内容，请加微信"曹将PPTao"！
除此之外，还可以关注笔者的微博和博客，这里也有值得你关注的海量资源！

 曹将微博：
http://weibo.com/samjiangzhichao

 曹将博客：
http://blog.sina.com.cn/caojiangppt

别再犹豫了，一起加入PPT学习团吧！

PPT达人抢先
阅读感言

这是一本在内容结构上动了很多脑筋的书，从基础知识到常用技巧，再到设计能力提升和逻辑提炼，涵盖了PPT的方方面面。对于PPT爱好者，这本书值得入手！

"说服力"PPT系列图书
《和秋叶一起学PPT》
《不要等到毕业后》作者
秋叶（张志）

PPT的书最近几年出过不少。为什么PPT会这么火，究其原因还是它已经逐步成为职场人士的"刚需"。PPT难的不是设计，而是如何在逻辑和美观之间达到一种平衡，如何在美观和快速之间达到一种平衡。努力在这两种平衡中保持均衡化，是这本书的一大特点。曹将的作品在PPT界一直有着鲜明的特色，设计感较强、内容较鲜活，非常适合营销和演讲时使用。曹将也非常愿意分享自己的作品和PPT心得，这让很多朋友受益匪浅。应该说，这本书将会给大家一些启发，让大家可以在欣赏佳作的同时依样画葫芦一番，这其实挺好的！

中国著名管理咨询专家和培训专家
《说服力：让你的PPT会说话》
《说服力：工作型PPT该这样做》作者 "让PPT设计NEW一NEW"博主
包翔

PPT进入了"设计"时代。如果你还不会配色、排版、图示、创意、动画这些更高级的用法，你是不好意思说自己"会做PPT"的了！要学习PPT的高级用法，本书值得你细细品味。

上海锐普PPT设计公司及锐普PPT论坛创始人
陈魁

PPT是现代职场必备工具之一，掌握PPT制作技能，有助于提升我们的职场竞争力。本书从实际案例入手，通过对PPT实例剖析后给出优化方案的方式，进行PPT基础知识、设计思路、操作技巧等方面的探讨与介绍，不仅可以提醒我们避免类似的问题，也有助于我们系统地掌握PPT制作思路与技巧。

《谁说菜鸟不会数据分析》作者
张文霖

这是一部清新、实用、全面的PPT设计指南，其讲解简单明了，其案例风格独特。如果你已经对套用网上下载的模板感到无比乏味，那么我很高兴把曹将精心准备的这一道道"甜点"推荐给你，营养丰富，爽口舒服。

《PPT，要你好看》作者
般若黑洞（杨臻）

很早就关注曹将的博客，作为非专业设计人员，他喜欢和热爱PPT的程度让我汗颜，每篇博文都很精致，充分说明优秀的PPT设计并不仅仅只是设计师的产物。此次曹将出书，我有幸试读了样书，这本书亦如他的博客般精致，内容实用，操作性强，案例翔实。书中的讲解深入浅出，以简单有效的方法帮助你短时间提高PPT制作水平，让你的PPT更有信服力。如果你还在熬夜奋战，为了如何制作更好的PPT而纠结无比，推荐你看看此书，相信你会豁然开朗。

"基于PPT的课件制作"博主
蝇子

爱学习爱分享的曹将终于出书了，拿到样书，很是喜欢。

书中讲解特别细致，案例丰富，可操作性强，还有课后作业，好贴心，推荐！

《PPT演示之道》作者
孙小小

曹将，一位不断探索幻灯片设计的实践者，一直把自己对PPT的认识和感悟不断总结成经验心得分享给大家。本书以类似"课程"的独特视角、轻灵的文字和鲜活的案例为我们剖析了幻灯片设计江湖，直接、生动、深刻、有价值、有营养、有趣味、接地气。作为专注幻灯片的群体，我们号召所有幻灯片初学者速速围观本书——它是告诉你方法，快速提升你幻灯片设计制作技能的一本好书。

"让PPT飞起来"策划者
阿呆

文字是PPT演示中最重要的一部分，而中国汉字的象形文字之美是其他任何文字都无法超越的。关于在PPT中如何用字、怎样用得漂亮等课题，本书提供了大量实例与技巧，对PPT中文字的排版、配色、动画效果和字体选用等技巧阐释得非常到位，推荐作为PPT设计制作的参考书。

微软最有价值专家、无忧PPT创始人
蓝无忧（丁峰）

说是这是一本关于PPT的书，不如说它更像一个有趣的课堂。课堂的好处在于内容系统全面，可以帮助听课的人搭建这个学科的体系。课堂的气氛生动活泼，讲解的知识和技巧覆盖全面而又具有实战性。只要按照书中的建议在课后勤加练习，相信大家上完这堂课后，再见到PPT会觉得像碰到了一位老朋友那么轻松。

"广州PPT沙龙"发起人
无敌的面包

现在这个时代，什么都要定位！PPT的书籍写作也到了定位的时候，这对作者来说意味着竞争更加激烈，对广大读者来说却是件好事。曹将的这本书绝对是细分定位时代的产物。PPT的应用才是王道，当您需要一本拿来就能用的书来快速提高您的PPT水平，我推荐本书，不但有应付各种场合的详细案例，居然还有课后作业，实乃居家旅游，杀人放火的利器！

"PPT设计及其他"博主
刘革

目录
Contents

01 Chapter

PPT，就是它了！

02 Chapter

与众不同的文字设计

用好图片，告别平淡！

好气"色"，让PPT脱颖而出！

会变魔术的图表

形状，PPT的点睛之笔

动画多媒体，让PPT炫起来

Chapter 08　版式设计不是小事！

迫在眉睫，就用模板！

一个习惯让你成为PPT达人——拆！

附录 Appendix 价值超高的PPT干货分享

扫描二维码，关注笔者微信

更多不断更新、令人尖叫的
干货等着你! 快加入我们吧!

分享PPT达人的
成长秘密

任何有用的东西学习起来都需要时间和毅力，但也正因如此，它的收获才显得如此珍贵。这里以"创作者说"的名义分享8位PPT达人的成长之路，相信对你的PPT学习之路会有一定的启发作用。

PS：看完之后不妨打开本书附赠的网盘资料看一看，那里有达人们分享的优质PPT哦！

01 人力资源与企业文化培训师 @Teliss

怎么才能做好PPT？我的答案很简单：熟能生巧、量变引起质变。

作为公司的培训师，2012年我开发了46份课程。当时看到网上很多达人分享自己的作品和模板，便考虑将这些课程用PPT的形式呈现出来，帮助更多的朋友。说做就做！从夏天到冬天，工作之外大部分时间都给了PPT。每制作一份新的作品，模板设计、素材搜集都煞费苦心、耗尽脑汁。但努力也是有意义的。

之于自己，随着一个个PPT的完成，我越做越熟练，思路越来越开阔，速度也越来越快。

之于朋友，很多网友表示从我这里学到了很多有用的东西，无论是PPT还是课程内容。有朋友甚至开始称呼我为"高手"、"大师"和"PPT领袖"；某网站也开始推荐我的作品："最近PPT界新出了个高手叫布衣公子，他的作品设计精美、排版漂亮、内容丰富……"

之后，越来越多朋友开始问我：怎么才能做好PPT？我的答案很简单：熟能生巧、量变引起质变。我只是像当初开发课程那样，从疯狂下载的各种PPT资料中寻找自己喜欢的模板，然后模仿，再尝试着创新。多做，反复做，直到被网友形容为"形成了自己的风格"。

02 《我懂个P》作者 @Simon_阿文

想变强，就试试做一个100页的PPT吧！

我真正爱上PPT，是在2012年的暑假。那段时间也是我整个创作历程中最困难的时候。因为我面临着一个任务，一个130页的比赛PPT。

在此之前我从来没有做过超过20页的PPT，而且大部分都是直接上网找模板。但是，现在这个量级的内容让我完全打消了"咦，套这个模板好像不错喔"的想法，因为再好看的模板一旦被大量的内容挤爆，也只能落得一个营养过剩的俗套模样。

我喜欢与众不同，无论是设计风格，还是配色参考，我都要重新考虑。

这时候，发布不久的Windows 8以其独特的Metro风格吸引了我。那时候，扁平化风格还没流行，那时候，大家对Windows 8还不熟悉。这样新的东西，难道不是很好吗？于是，就有了我的《2012年赛扶创新公益大赛全国赛PPT》，也有了现在的阿文。

我不知道怎么去总结这一段经历，只能说：

想变强，就试试做一个100页的PPT吧！

03 华艺传媒（中国）研究院课件开发总监 @秦阳

PPT完全就是一种思维方式

有时候接到一个PPT的活儿，我发觉所收的费用其实大部分不是设计费，最辛苦的地方也不是设计这块，而是对一堆文字反复的精简、提炼、整理、归纳和逻辑化的过程，那个真的很费神。如果我完成一个PPT需要10天时间，那么前9天我都不碰PowerPoint软件，而是在纸上不断整理整个PPT的思路和逻辑，以及思考如何视觉化表达。这一切理顺了我再打开PowerPoint，一两个晚上就完成了。

我的PPT生涯经历了一个从专注动画、形式到注重逻辑、创意的过程。最终我得出结论：PPT的根本目的，是辅助我们实现有效的沟通。

要实现有效的沟通，最需要的能力就是你得能够从你所收集的一堆素材——包括黑压压的文字、庞杂的分析和枯燥的数据中提炼、总结和归纳，经过思考后，把它们精简成若干关键词、短句子或几个示意图，并用视觉化的形式或形象表达给对方。所以做PPT就是结构化思考加视觉化表达，思考在先，表达在后。思考得不到位，也表达不出什么深刻内涵。

如果这样想的话，那PPT完全就是一种思维方式。

慢慢我也发觉，长期制作PPT，让我下意识地养成了从大量信息中提炼、归纳、整理、总结并形象化表达的习惯，不论是读书、看报、交流还是听讲座，我会在接收大量信息后自动在脑中整理归纳出"一、二、三"大点，每个大点下面还有"1. 2. 3."小点，并尝试理顺其中的逻辑关系，甚至相应的画面也会浮现出来。经过如此"加工"地摄入信息，不但加深了理解，而且很难忘记，这是真正的学习、吸收和思考的过程。这就叫"手中无PPT，脑中有PPT"……那么话说到这儿，养成了这么牛的思维方式，你难道就只能做个PPT？

04 金融理财师、PPT达人 @乌拉拉80

最好的PPT应该是简洁而不简单的。

诚然，在大多数上班族眼里制作PPT是一种负担：它不会直接给我们带来价值，反而在花费我们的精力和时间。但真的是这样吗？从我的经验来看，做好PPT可以有效提升职场人的竞争力，这不仅体现在我们个人内在素质的成长上，比如逻辑能力的提升；也提供了一些独特的机会，比如为领导制作PPT，如果能得到赞赏，那之于我们将来的发展肯定是有百利而无一害的。制作时间短、主题被强化，这样的PPT才是职场人最需要的。所以我认为最好的PPT应该是简洁而不简单的。

在现阶段，我制作PPT的过程中遇到的最大麻烦就是跨界（从外资到本土银行）后PPT表现方法的不同。简单来讲在外资企业的企划分析、经营分析和损益分析直接影响企业的整体战略，所以PPT不能华丽，不能有动画，不能有插图，充其量使用曲线图和柱状图等简约而实用的图表进行说明。但转行到本土银行后要制作培训用PPT、年末领导讲话用PPT、产品说明PPT等……其风格和外资企业时的PPT截然不同。

我的解决方法是：模仿，从达人微博和博客入手，找到对应的主题，结合自身的需要，取其精华，去其糟粕。

05 《PPT扁平化风格设计手册》教程作者 @嘉文钱

如果你的PPT内容不多的话，那PPT的页面设计是非常重要的；如果你的PPT内容已经够多了，那PPT的逻辑就是最重要的。

我最初接触PPT是因为参加一个比赛，不得不要去学做PPT，但后来发现PPT不仅是职场必备技能，而且还可以锻炼自己的归纳和图形表达等能力，非常值得一学，于是就开始钻研PPT。

在学习的最初阶段，我觉得最困难的是如何从素材中找出要放在PPT中的文字。我的方式是先通读全文，然后画框架图，再从框架图中提炼文字内容。对于我来说，做PPT最重要的是，如果你的PPT内容不多的话，那PPT的页面设计是非常重要的；如果你的PPT内容已经够多了，那PPT的逻辑就是最重要的。

06 《和秋叶一起学PPT》课程合作讲师 @小巴_1990

做PPT最难莫过于一个字："改"！

做PPT最难莫过于一个字："改"！

改好PPT的关键一方面在于倾听与沟通，了解客户的制作需求与目标；另一方面在于把握好内容与设计的平衡：设计过度就会喧宾夺主，影响内容的传达。

我做PPT主要是将生涩难懂的管理文章转化成通俗易懂的书摘类PPT。第一次制作的是《哈佛商业评论》百年来最经典的一篇文章"是什么造就了领导者"，前后历时半月，反复修改8次才发布。老师细致耐心的指导让我深感做事应有的耐心和认真的态度，同时内容的经典让我倍感压力，不敢妄自修改原文。一路坚持下来，我不仅在耐心和沟通能力等方面得到了极大的锻炼，也提升了对PPT的理解：用最简单的设计直接了当地传达信息，应是PPT特别是工作型PPT所要努力的方向。

07 浙商大PPT服务队创始人 @鱼头PPTer

因为我感兴趣，坚持分享，坚持思考。

很多朋友问我为什么自己做的PPT没有我做的有感觉，我的回答是："因为我感兴趣，坚持分享，坚持思考"。我大一的时候机缘巧合接触到了PPT，因为感兴趣就坚持了下来，坚持原创PPT读书笔记，坚持免费分享源文件，同时不断总结、思考网友的建议，提升速度就快了很多。

两年多的时间里我大致经历了5个阶段。第一阶段是套模板，新手学PPT大多从套模板开始。第二阶段是拼技术，除了谙熟软件基本功能之外，还要玩转这些功能的深度运用技巧。第三阶段是比设计，掌握制作方法之后，决定PPT整体感觉的设计思维就显得至关重要。第四阶段是比逻辑，PPT好看之余，还要有内容；不仅要有内容，还要有亮点。第五阶段是融会贯通，无招胜有招。阶段间的跨越确实很艰难，但我相信你经过这样从量变到质变的过程，一定也会收获匪浅。

08 《一天学会PPT》作者 @臭人鹏

由于PPT，你多打开了一扇门，认识和接触到了更多志同道合的人，可以与他们共同进步和成长。你说值吗？

说起做PPT的经历，我不得不提到的一个作品是《自控力》的读书笔记PPT。为了做这个PPT，整个春节假期我把原书读了至少5遍，在书上做了各式各样的笔记，写满了好几页A4纸的PPT提纲。总结书中的内容，整理逻辑结构，再添加自己的论证过程，最后排版设计，一本书就这样变成了一个精美的PPT作品。

有人会怀疑：付出那么大代价，就为了做一个PPT，值吗？当你发现通过你的双手和思考，密密麻麻的文字变成了一个简单易读、设计精美的作品；当你发现你分享的作品无意间影响和改变了一群人；当你发现经过你的"死磕"，你有了更会思考的大脑和更高水平的审美与设计能力；最最最重要的是，由于PPT，你多打开了一扇门，认识和接触到了更多志同道合的人，可以与他们共同进步和成长。你说值吗？
通过学习PPT，我最大的收获就是学会了如何用心去做事情。如果说有快速提升PPT水平的秘籍，那就是思考、动手、模仿、积累。PPT改变了我，那你呢？

Chapter 01

PPT，就是它了！

扫一扫，更
多惊喜哦

扫描二维码，关注笔者微信

课前预热
Warming Up ↑ **你能通过这场面试吗？**

祝贺你通过了我们公司的初试！现在是面试阶段，我们需要你在规定的时间内完成一份PPT，具体要求如下。

面试要求

请仔细阅读所给材料，根据材料内容制作一份PPT。

制作要求：

- 能够准确、清晰反映出材料内容；
- 请设计（或找到一份合适的）模板；
- 页数不得超过12页；
- 时间不得超过150分钟。

01 大学毕业生择业与职业生涯规划

职业生涯规划也称职业生涯设计，是指个人和组织相结合，在对一个人职业生涯的主客观条件进行测定、分析、总结研究的基础上，对其兴趣、爱好、能力、特长、经历及不足等各方面进行综合分析与权衡，然后结合时代特点，根据其职业倾向，确定其最佳的职业发展方向，并为实现这一目标做出行之有效的安排。通常这项工作需要由职场人士自己完成。

从大学毕业生转变为职场人士，首先需要就业。显然，仅仅"就业"还谈不上"职业规划"。只有真正主动地去"择业"，才是有规划的职业生涯的开始。

究竟是先就业，还是先择业？

目前我们常听到的是"先就业，再择业"，从上到下，从学校领导到学生当事人，从社会学家到普通老百姓，很多人都如是说。当然大家都是抱着自己的立场来说这话。

那么究竟应先就业还是先择业？职业规划专家认为，只有让"择业"与"就业"保持同步才是上上之举。具体地说，择业好了才能去就业。

02 4大因素影响择业选择

那么，哪些因素可能会影响到你的择业决策呢？主要应从以下4个方面来考虑。

1. 当前的经济状况

过分看重眼前的高薪而不对未来的发展做理性的规划并不利于个人发展。

2. 亲人和朋友的意见

职业规划专家认为，适当听取家人和朋友的意见很有必要，但更关键的是要有自己的主见。

3. 社会环境、竞争环境对择业决策的影响

就算你真的"没得选择"，也要选择一个与你的目标相对接近的职业，再静待时机寻求转换。不要盲目追随热点行业，再热的行业都有可能转冷，现在的冷门行业将来也可能转热。

4. 个人志向对择业决策的影响

研究表明，志向远大者，都拥有明确的发展目标及职业生涯规划。职业生涯规划的具体步骤概括起来主要有以下几个方面。

❶ 自我评价。也就是要全面了解自己。一个有效的职业生涯规划必须是在充分且正确认识自身条件与相关环境的基础上进行的。

❷ 确立目标。确立目标是制定职业生涯规划的关键，目标通常有短期目标、中期目标、长期目标和人生目标之分。

❸ 环境评价。制定职业生涯规划之前还要充分认识与了解相关的环境，评估环境因素对自己职业生涯发展的影响，分析环境条件的特点与发展变化情况，把握环境因素的优势与限制。

❹ 职业定位。职业定位就是要为职业目标与自己的潜能以及主客观条件谋求最佳匹配。

03 职业定位的注意事项

❶ 依据客观现实，考虑个人与社会、单位的关系。

❷ 比较鉴别。比较职业的条件、要求、性质与自身条件的匹配情况，选择条件更合适、更符合自己特长、更感兴趣、经过努力能很快胜任、有发展前途的职业。

❸ 扬长避短，看主要方面，不要追求十全十美的职业。

❹ 审时度势，及时调整，要根据具体情况的变化及时调整择业目标。

❺ 实施策略，就是要制定实现职业生涯目标的行动方案，要有具体的行为措施来保证。

❻ 评估与反馈。整个职业生涯规划要在实施中去检验，判断效果如何，及时发现规划各个环节出现的问题，找出相应对策，对规划进行调整与完善。

由此可以看出，整个规划流程中正确的自我评价是最为基础、最为核心的环节。这一环做不好或出现偏差，就会导致整个职业生涯规划各个环节出现问题。

这道题目来自于中国石油的面试题，你能hold住吗？

Section 01

为什么要学PPT？

有句话是这样说的：用Word的不如用Excel的，用Excel的不如用PPT的。为什么PPT会有如此大的功用？

因为时间就是金钱！

微博为什么能风靡全国？其中一个很大的原因就是它那"140字以内"的限制。于是，写者浓缩诸多内容为精炼的观点，读者快速获取信息不误时间。在这个信息爆炸的时代，没有人愿意去看一篇冗长的博文或挤满文字的Word文档。而PPT之于Word，就像微博之于博客一样。

除此之外，PPT还具备以下特性，使其深受职场人士，尤其是白领甚至金领的青睐。

01 重要性

正如我们会根据食物的包装来判断其质量一样，你的观众也会从你的PPT的质量来推测你演讲（汇报）的质量。其实大家的想法很简单：如果他/她连PPT都不认真准备，难道还能期待他/她会认真准备自己的讲稿吗？

况且，现在已不是多年前那个靠Office自带模板就能蒙混过关的年代了。多谢"该死的"老罗、乔布斯和那些PPT达人，他们让我们看到PPT原来还可以这样。所以，当不能对抗潮流的时候，我们就勇敢迎接它吧！

02 有用性

此时你肯定还是犯着嘀咕：一定要PPT吗？我们知道，相声演员仅靠无实物表演就能撑起整场演出，一些演讲者仅靠一张嘴就能让2个小时的时间如同白驹过隙般飞快流过。

这里说一下笔者的个人观点。那些不怎么需要PPT辅助的场合都有这样的特点：要么观点集中，前因后果的推导时间没那么长；要么内容好玩，观众可以轻松获取信息不用思考；要么演讲者个人魅力强大，比如美国总统的演讲。

但对于我们普通人来说：

❶ 个人魅力一般来说达不到hold住全场的水平；

❷ 在介绍产品、说明提案时大多需要展示具体画面；

❸ 所讲解的内容比较严肃；

❹ 最重要的是，PPT在某种程度上可以帮助我们摆脱脱稿的紧张感！比如下面这两个要向观众阐述的信息，如果仅仅靠口头表达，想必观众痛苦，你也好不到哪里去。

PPT是
浓缩后的精华

可视化内容
让观点更易
理解与接受

　　所以，我们需要一种工具，帮我们提炼、精炼要阐述的信息，并用易于理解的方式将其呈现出来。PPT可以完美胜任这一角色。

大家喜欢怎样的PPT？

大家之所以买这本书，肯定都是因为心中有一个目标——做出像谁谁谁一样的PPT。而这些PPT大多有着相同的特点：内容上准确清晰，版式上简洁大方，动画上恰到好处。

1. 内容——准确清晰

PPT的职责是信息传递，信息传递需要严密的逻辑框架作为支撑。所以，判断一个PPT是好是坏最重要的标准就是看它的内容逻辑是否准确、清晰。

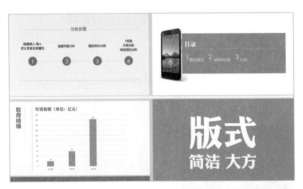

2. 版式——简洁大方

PPT的全称PowerPoint分开来说就是"有能量的观点"，所以没必要让它复杂累赘，简洁大方是它的"立身之本"。初学者难免喜欢将各种技巧堆砌到PPT中，结果成品没有统一风格，观者也在胡乱的排版中找不到"PowerPoint"。

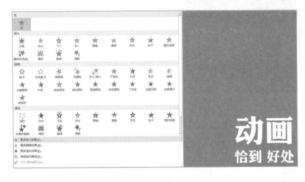

3. 动画——恰到好处

恰到好处的动画能让观点的呈现自然连贯，多余繁复的动画则易喧宾夺主。动画之于PPT始终都是陪衬，否则为何不直接用Flash或AE来传递观点？

这3点乍看起来十分简单，但若想真正用到实处，则十分考验制作者的功力。那么，怎么做出这种大家都喜欢的PPT呢？

8步让你的PPT引爆眼球

在接手一个PPT任务时，你一般会怎么筹备和制作？
笔者观察发现，大多数朋友接到任务之后，第一步就是打开Power-Point新建一个PPT，然后一边搜集资料，一边往里面填充内容。

这种方式既繁琐又没效率，而且注意力还容易被网络带走——刷刷微博，看看新闻之类的。

其实，PPT的制作有其内在的规律。按照特定的步骤进行，可令效率大升，事半功倍。这里以Warming Up的《大学毕业生择业与职业生涯规划》PPT任务为例，对制作步骤进行讲解。

开始之前，请先断网！

拖延是一切工作的仇敌，其一大源头就是网络的干扰。你是不是经常做事到一半时就开始刷微博？结果感觉时间没过多久，就已经到了下班的时刻？所以，在开始制作PPT前，请先断网！即使中途需要上网，若不紧急，也不妨先把PPT的主要内容完成后再联网。

Step 01 提取内容。将原材料另存文档，以免之后改动太大忘了最初的逻辑推导。之后在文档上进行以下操作：① 将要放入PPT的内容标注；② 适当总结段落大意；③ 标明层次关系。

🔧**Step 02** 搭建骨架。在纸上（或思维导图软件上）画出该材料的逻辑图，掌握全局框架。有力的骨架可以帮助我们理清讲稿的思路，让整个展示逻辑清晰。特别是在大型PPT（60页以上）的制作中，此方法的优势异常明显。

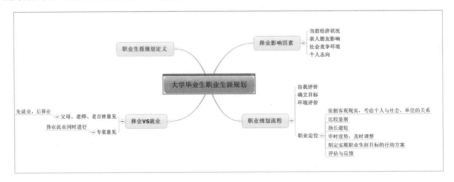

🔧**Step 03** 制作模板。一个基本的PPT模板需要解决三个问题：① 文字内容，包括字体、字号、行距、缩进；② 配色方案；③ 版式设计。

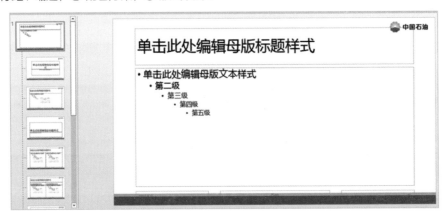

🔧**Step 04** 制作导航页。导航页包括目录页和转场页（又称过渡页），它能快速将PPT模块化。

Step 05 制作"**基本**"内容页。将大概的内容"放"入PPT，不强求设计，不丑就好。这就像理发，理发师通常先大刀阔斧剪出大致轮廓，然后再一点点微调。如果一开始就精修，最后既耗时，又效果不佳。

Step 06 制作封面和封底。刚开始学做PPT时，很多人容易陷入这样一个误区：对封面的方案总是不满意，不断地修改，时间耗费了不少，最后还是没有一个满意的方案。之后因为时间被耗在了开头，其余内容的质量也大受影响。所以，将封面和封底的制作放到最后，心态上胸有成竹，行动上也就更易一鼓作气。

Step 07 精细化加工。到目前为止，一个及格版的PPT已经成形。如果还有时间，可以对内容进行精细化加工：① 图形化，用图像表示信息；② 加动画，让内容呈现层次；③ 加小部件，令页面排版多样化。

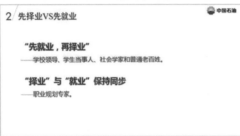

🔧 **Step 08** **PPT制作完成之后。** PPT制作完成并不代表操作结束，一些疏忽可能会毁掉你几个小时甚至几天的心血。完成PPT后请注意以下几点。① 内容审查：有无错别字，逻辑是否清晰；② 字体嵌入：保证字体在其他电脑上能正常显示；③ 兼容性检查：该PPT是哪个版本，能否在其他电脑上播放；④ 备份：将PPT文件另存一份保存到云盘（如微云、百度云）或邮箱，以免U盘中毒文件出问题而影响汇报。本案例最终文件在**随书光盘\案例文件\Ch1**中。

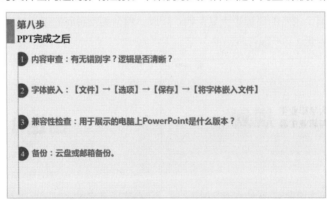

"好多东西都不知道！""到底该怎么嵌入字体？""如何制作模板？"
……

不要着急，这只是第1章，上面这些具体的操作会在接下来的章节中陆续展开。相信看完本书后再回过头来阅读第1章，你肯定会理直气壮地说：

So easy! 妈妈再也不用担心我的PPT了！

课后作业

要学好PPT，需从两方面入手：第一是多看，收集和研究他人好的PPT作品，积累好的版式；第二是多做，空谈终究解决不了实际问题。本章的课后作业如下。

请访问笔者的博客（http://blog.sina.com.cn/caojiangppt），进入置顶文章《原创PPT和原创教程合辑》，选择两个你感兴趣的PPT作品，回答以下问题：这个作品哪里好，哪里还值得改进？

PPT的"非主流"用途

我们为什么要学PPT？想必大多数朋友的第一反应肯定是为了掌握演讲的辅助工具和工作汇报的呈现形式。其实PPT的用途不止如此，它既可以帮助我们在学习和工作中拔得头筹，还可以让我们的生活多姿多彩。在这个专题里，我们就来讨论一下PPT的"非主流"用途。

用途一　制作海报

没错，PPT也可以制作海报！

Step 01 在"设计"选项卡下调节"幻灯片大小"，改变PPT的尺寸。

Step 02 插入想要的图形，放上对应的文案。

Step 03 选择"文件"-"另存为"命令，在"保存类型"里选择JPEG格式，将PPT以图片形式导出。

▲ 这是@臭人鹏制作的TED海报，设计工具就是PPT，精炼的文案配上合适的图片，干净利落
选自《@TEDxSYSUZH-12年海报集》（新浪微博@臭人鹏），在随书光盘\案例文件\Ch1中可以看到更多

用途二　制作简历

What chance is there that your totally average resume, describing a totally average academic and work career is going to get you most jobs?（如果你的经历一般，简历普通，性格大众，请问，凭什么要求他人给你录取机会？）——《The Ugly Resume》

传统的一页纸简历虽然能简要地将求职者的履历和特长说清楚，但它很难给人感性上的认识。若同时附上一份PPT简历，用图说话，就会更加简单明了，一针见血。

▲ 这是@Simon_阿文制作的三国杀风格PPT简历。强调自己是"公司的忠臣，条框的反贼，未来的主公"，巧妙地把自身经历与热门游戏结合

选自《三国杀风格简历》（新浪微博@Simon_阿文）

▲ 这是曹将制作的个人PPT简历，用不同颜色引导相应部分：蓝沉静，简述经历；橙活泼，介绍活动；绿清新，呈现收获；灰中性，不喧宾夺主

用途三　记录生活

　　随着手机、相机等数码产品的普及，我们有了越来越多的图片留存。但是如果不及时加以整理，这些视觉记录很容易被遗忘，最终即使想起，也很难找到。所以，不妨建一个PPT，记录生活中美好的过往。

▲ 笔者每年都会制作一个PPT，将自己这一年经历的标志性事件放在里面。多年后回忆起来，相信会感慨万千。这是2012年9月到2013年9月的记录

用途四　阅读笔记

个人感觉，最好的阅读习惯是"感同身受"，将自己代入到作者的作品里，然后用自身的经历去证实或反驳作者的观点。在这样的过程中，阅读有了乐趣，其精华也被吸收。

PPT是个不错的记录方式，上方列出作者的观点，下方记录自己的想法，相辅相成。

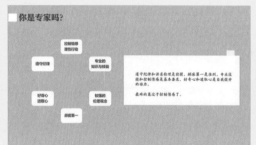
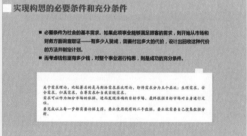

▲ 这是曹将制作的《专业主义》读书笔记，包括作者的基本观点和自己的阅读感受（贴纸部分）

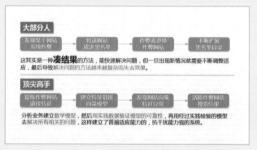

▲ 这是曹将和秋叶一起制作的《数学之美》读书笔记，将全书的内容以自己的方式重述一遍，吃深吃透

由此可见，PPT可不单单是一个演讲辅助工具，它是个真正的多面手。我们还有理由不好好学PPT吗？

034

Chapter 02
与众不同的文字设计

扫一扫，更
多惊喜哦

扫描二维码，关注笔者微信

课前预热
Warming
Up↑ **漂亮的文字**

"一图胜千字。"这话没错，但图片也有它的缺点：若没有文字的引导，每位观众看图后都会形成自己的理解，这个理解可能与PPT制作者的想法大相径庭。

相反，文字则表意清晰，在严谨的场合更是不可替代。

▲ 对图片的猜测：电脑——科技的进步？山顶——不畏艰难？风景——放松心灵？

所以，在讨论图片之前，我们先介绍PPT中文字的设计，这可不同于Word里简单的文字排列。在PPT中，我们可以利用不同的字体表现不同的关系，利用文字不同的颜色和大小突出重点，抑或通过层次分明的布局体现逻辑的优雅。有时甚至只靠文字，也可以让PPT与众不同，大方优雅。

女人只有两条出路，一是嫁个有钱的老公，二是自己赚很多钱。第一条是没戏了，看来我只能走第二条道路。

李娜

娜就是李
李娜与梦想的故事

▲ 该页PPT引用李娜以前说过的话，用微软雅黑字体表现原话，用方正静蕾简体表现李娜的签名，文字之外全部留白，页面简单隽永

▲ 该页PPT的主要内容是选择。用汉字"左右"拼成英文单词LIFE（生命），以此反映生命是不断选择的过程，与下面的文字解释相呼应。文字中最重要的一句用橙色突出，轻重分明

▲ 该页PPT是一个评比幻灯片的目录页，综合使用了多个字体。通过文字整齐的摆放，整体并不凌乱不堪，反而有种整齐严谨的美感

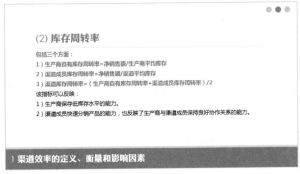

▲ 该页PPT是讲会计公式，内容很"干"，也不适宜添加图片，通过文字颜色和大小的区分令整体层次清晰，读来也不会困难

准备好了吗？让我们一起走进文字的世界吧。不过首先我们需要把一个字体打入冷宫：宋体。

Section
01

你还在使用宋体吗？太out了！

大多数朋友都是直接打开PPT便开始操作，其默认的汉字字体即为宋体，乍看效果还行，也就直接套用。

可是宋体真的很out，你不觉得见多了就厌烦了吗？而且，它还会影响到观众的观看！为什么？看完下面的介绍你就知道了。

单击此处添加标题

单击此处添加副标题

▲ PPT中默认的中文字体为宋体

01 字体分类有原则

按照西方国家的字母体系，可以将字体分为两类：衬线字体与非衬线字体。衬线字体在笔画开始和结束的地方有额外修饰，而且笔画的粗细会有不同。非衬线字体没有这些额外的修饰，笔画的粗细也差不多。

我是衬线字体

我是非衬线字体

宋体

根据该标准，宋体就是一个标准的衬线字体。在PPT设计中，我们要尽量避免使用该类字体做正文，为什么呢？这要从显示效果上来看。

❶ 衬线字体强调横竖笔画的对比，在远处观看的时候横线会被弱化，导致识别性的下降。非衬线字体因为笔画的粗细差不多，故不会出现该弱化结果。

| 我是衬线字体我是衬线字体我是衬线字体我是衬线字体我是衬线字体我是衬线字体
我是衬线字体我是衬线字体我是衬线字体我是衬线字体我是衬线字体我是衬线字体
我是衬线字体我是衬线字体我是衬线字体我是衬线字体我是衬线字体我是衬线字体
我是衬线字体我是衬线字体我是衬线字体我是衬线字体我是衬线字体我是衬线字体
我是衬线字体我是衬线字体我是衬线字体我是衬线字体我是衬线字体我是衬线字体
我是衬线字体我是衬线字体我是衬线字体我是衬线字体我是衬线字体我是衬线字体
我是衬线字体我是衬线字体我是衬线字体我是衬线字体我是衬线字体我是衬线字体
我是衬线字体我是衬线字体我是衬线字体我是衬线字体我是衬线字体我是衬线字体 | 我是非衬线字体我是非衬线字体我是非衬线字体我是非衬线字体我是非衬线字体
我是非衬线字体我是非衬线字体我是非衬线字体我是非衬线字体我是非衬线字体
我是非衬线字体我是非衬线字体我是非衬线字体我是非衬线字体我是非衬线字体
我是非衬线字体我是非衬线字体我是非衬线字体我是非衬线字体我是非衬线字体
我是非衬线字体我是非衬线字体我是非衬线字体我是非衬线字体我是非衬线字体
我是非衬线字体我是非衬线字体我是非衬线字体我是非衬线字体我是非衬线字体
我是非衬线字体我是非衬线字体我是非衬线字体我是非衬线字体我是非衬线字体
我是非衬线字体我是非衬线字体我是非衬线字体我是非衬线字体我是非衬线字体 |

▲ 远离本书一些，对比这两页PPT的视觉效果

❷ 同一字号下，衬线字体看起来比非衬线字体更小，没有非衬线字体那么有视觉冲击力。

所以在PPT中，大量使用的还是非衬线字体。

20	衬线字体	非衬线字体
24	衬线字体	非衬线字体
28	衬线字体	非衬线字体
32	衬线字体	非衬线字体
36	衬线字体	非衬线字体
40	衬线字体	非衬线字体
44	衬线字体	非衬线字体

▲ 同一字号下非衬线字体比衬线字体看起来更大

我们"嫌弃"衬线字体，是强调不要"在正文大量使用"。其实，衬线字体在PPT中也并不是一无是处，它有着优雅和历史感，在封面和正文标题处使用，有其独特的味道。

▲ 将衬线字体换为非衬线字体，韵味全失

一般情况下，在PPT的字体选择中，标题既可以选择衬线字体，也可以选择非衬线字体。**正文内容则最好选择非衬线字体！**

02 字体搭配有妙招

以上都是些字体理论知识，运用到实践，就是究竟该用哪个字体来做标题，哪个字体来做正文。接下来我们从使用情境出发，讨论不同场合下字体的搭配问题。

1. 不同场合中文字体搭配

字体搭配要分场合。一般来说，场合有严肃与轻松之分。

严肃场合的特点是严肃、严谨，比如政府会议、咨询报告、学术研讨等，这种场合的字体不太需要花哨的装饰。

轻松场合的特点是灵活，比如班级活动、课程游戏、招新串场等，这种场合的字体可以"花"一些，可以"动"一点，形式可多样，只要受众喜闻乐见。

❶ 严肃场合

严肃场合的正文字体推荐微软雅黑，原因有以下两点。

易用性： 每台电脑上都有该字体，不会存在字体嵌入问题。

实用性： 该字体简洁大方，加粗后仍然好看。

现在来考虑用什么字体做标题来与它搭配。

> 正文字体吐血推荐
>
> # 微软雅黑

1. 微软雅黑 + 微软雅黑

如果没多少时间选择更特别的字体，不妨都用微软雅黑。这样至少在字体得分上，已经是良的水准。

◀该PPT虽然只用了微软雅黑一个字体，但通过颜色和大小的变化，让文字呈现出了不一样的感觉

选自《基于复杂网络的城市轨道交通事故分析方法研究》（新浪微博@刘宾Lincoln）

2. 黑体 + 微软雅黑

黑体也是微软自带的一款字体，作为标题使用简单大方，配上微软雅黑可以给观众的视觉感受带来一定的变化。

▲ 该PPT是一个答辩幻灯片模板，标题使用黑体，具体内容则使用微软雅黑。两者有一点差异，但不是很大。在论文的展示上尽量不去喧宾夺主，将视觉焦点留给内容

3. 方正粗宋简体 + 微软雅黑

方正粗宋简体乍看似乎是加粗后的宋体，但其更加圆润，用它做标题既能体现宋体的严肃，又能起到醒目强调的作用。

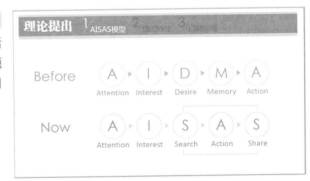

▶ 两个PPT都用于偏正式的场合，方正粗宋简体典雅严肃，能够很好地起到强调作用

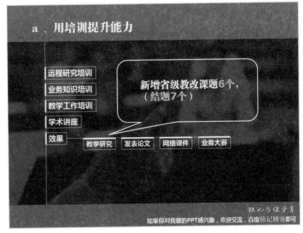

选自《秋记PPT设计案例分享》（新浪微博@教育技术秋记）

4. 方正综艺简体 + 微软雅黑

　　方正综艺简体是一款无衬线字体，较雅黑更粗，也更富于变化，看起来更加现代，特别适合比较现代化的场合。

◀该PPT讲述了京东商城的发展历程，其呈现严肃中带着活泼，并且对应着越来越现代化的背景，这与方正综艺简体的特点相贴合，两者相得益彰

5. 华康俪金黑 + 微软雅黑

　　华康俪金黑也是一款无衬线字体，它比微软雅黑和方正综艺简体更饱满，也更华丽，特别适合庄重大气的场合。

◀该PPT是一个比较严肃的评比幻灯片，使用华康俪金黑，配上优雅华丽的紫色，两者相辅相成，整体呈现出庄重大气的感觉

❷ 轻松场合

轻松场合下，对于PPT设计者来说，重要的就是让大家高兴，字体选择上夸张一些也无所谓。这里推荐一系列好玩的字体，大家可以根据场合选择搭配使用——说不定下次年会就可以用到。

1. 方正北魏楷书简体

该字体有衬线，但其辨识度不亚于非衬线字体，方正、稳重，并且棱角分明，放进严肃点的PPT里也不会突兀。

▶ 该PPT是一个毕业纪念册，使用方正北魏楷书简体，素雅稳重，与其希望彰显的简单隽永的意境一脉相承

2. 方正静蕾简体

该字体来源于徐静蕾真人笔迹，清冽而又优雅，十分适合用于回顾性的PPT。

▶ 该PPT是一个班级周年回顾幻灯片，用手写体方正静蕾简体呈现，就如同某个同学亲笔书写的日记，很容易将观众带入到当时的场景

3. 康熙字典体

该字体来源于《康熙字典》，庄重典雅，可辨识度高，在中国风的PPT中使用效果惊艳。不过使用时记得将输入法调节为繁体字输入。

◄该PPT是一个班级评比的幻灯片，其设计古朴典雅：使用康熙字典体的文字以竖排排列，并用诗句串联各个环节，中国风扑面而来

4. 叶根友疾风草书

该字体如行云流水，狂放奔逸，看起来很洒脱，但辨识度不高，不宜过多使用。

◄第一个PPT是介绍公益组织"立人乡村图书馆"的幻灯片，第二个是毕业回顾幻灯片。两者都将叶根友疾风草书用于封面标题，标题文字在大号字的呈现下看起来洒脱狂烈

5. 方正稚艺简体

该字体看起来就像小孩子学写字时一笔一划写成的，童真可爱，适合用来做给小朋友看的PPT。

▶ 该PPT是义教活动幻灯片，对象是10岁以下的小学生，使用方正稚艺简体使文字内容看起来就像他们自己写出来的，小学生看到后会感觉亲切，也更愿意参与到活动中来

6. 文鼎习字体

该字体的特点在于自动生成田字格，很有古风，但不适合大面积使用，否则看起来很挤很堵。

▶ 该PPT是《西南财大报》记者团招新幻灯片，使用有田字格的文鼎习字体，与团队平时的主要工作"码字"相呼应

The marketing function is in deep decline.

■ Only 10 percent of executive meeting time is devoted to marketing.(Ambler 2003,p.62)

■ Marketing personnel do not care about customers and can't do much for customers, beyond feeding them with propaganda. When full-fare, first-class airline customers often lack a decent meal or even a pillow, the poor folks in marketing can only report on customer rage. (qtd. In Selden and MacMillan 2006, p. 114)

■ Marketing (has) died, was declared impotent or most likely just became irrelevant to many senior manages.(Schultz 2005,p.7)

■ Most marketers are engaged in more tactical decisions, particularly advertising, sales support, and public relations.(Sheth and Sisodia,2005a)

Antecedents of the marketing department · Main variables

H2

The innovativeness of the marketing department is positively related to the influence of the marketing department within the firm.

Movies and Series

| Twilight(2008)

It focuses on the development of a personal relationship between human teenager Bella Swan and vampire Edward Cullen , and the subsequent efforts of Edward and his family to keep Bella safe from a separate group of hostile vampires.

The Vampires

The Origin

Contagion(传染病)

When vampirism has been associated with clusters of deaths from unidentifiable or mysterious illnesses, like plague(瘟疫) and the Black Death from the 14th century, vampires seemed to be something that really exist. Because it was discovered that the body in the coffin(棺材) moved, and covered in blood.

The Vampires

---

2. 英文字体推荐

之前的多种搭配都是针对中文情况，有时候我们也需要制作英文版PPT，这时该用哪些字体呢？这里推荐几款Windows 7/8系统自带的英文字体：微软雅黑、Times New Roman、Tahoma和Segoe UI Light。这4种字体应该能满足一般情况下的英文展示需要。

1. 微软雅黑

是的，又是它！所以当你真的十分紧急，那就不要犹豫，中英文都用它。即使不能冲击90分，也能达到60分的及格水平。

◀ 微软雅黑也是个不粗的英文字体

2. Times New Roman

这款字体虽然是衬线字体，但其显示效果不亚于非衬线字体，特别适合历史文化类PPT。

◀ 这是一个介绍西方吸血鬼文化的PPT，使用Times New Roman字体，给人一种浓浓的西方感觉

3. Tahoma

　　该字体比较圆润，能够给人一种亲切感，可以在一定程度上调和现场气氛。

▶ 这是一篇学术论文的展示PPT，其介绍的内容比较有趣，故使用Tahoma字体，使得展示内容整体看起来更有亲切感

4. Segoe UI Light

　　最近扁平化风格愈演愈烈，该风格的一大特色就是使用"纤细"的字体。Segoe UI Light就是其中一款热门字体，特点是清新自然，设计感强。

▶ 这是一个公司企业文化与愿景的PPT，使用扁平化风格，配上Segoe UI Light字体，显得清新自然

Segoe UI Light

Segoe UI Semilight

Segoe UI

Segoe UI Semibold

除了Segoe UI Light，它一系列的其他字体效果也非常不错，而且是Windows 7/8系统自带，不用单独安装。

◀ Segoe UI系列字体

3. 文字陷阱要小心

确定好字体搭配并非万事大吉，要小心使用过程中的一些陷阱：字数、字体和释义。

❶ 小心字数

字不要太多。太多的字像迷宫，很容易让观众迷失在字符之间。

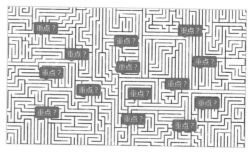

▲ 不加处理地把材料中的文字粘贴到PPT中也许是最省事最快捷的做法，但是观众极其讨厌！在PPT开始放映的一瞬间，观众就可能会走神打哈欠

▲ 这样像迷宫似的PPT，会让观众找不到重点，感觉一片混乱

❷ 小心字体

字体不要太多。太多的字只会让页面显得凌乱，一般应控制在3种以内。

▲ 共有4种字体，可以看出制作者想通过字体变化来突出重点，但是变化太多反而会导致观众抓不住最重要的点

▲ 将"校园网就是一种内联网"改回为微软雅黑，与前一段文字统一，整体清爽许多。添加白底反衬，起到突出作用

❸ 小心释义

不要想表现什么都让文字出马，可以的话找找合适的配图，效果肯定更出众。

▲ 纯文字，观众很难产生直观印象

▲ 将安卓、IOS和功能机图形化，突出数量，简单直观

03 如何搞定丢失的字体

1. 安装字体很easy

在Windows 7系统下，只需双击字体文件，然后单击"安装"按钮即可完成字体的安装。重新启动PowerPoint，就可以看到新安装的字体了。在Windows XP系统下，则只需将字体复制到C:\Windows\Fonts里即可。

▲ 在Windows 7资源管理器中双击需要安装的字体

▲ 单击"安装"按钮即可完成

2. 嵌入字体很方便

有些字体他人电脑上没有安装，若不嵌入到PPT中，那在他人电脑上播放时很可能显示出错（根据笔者的经验，大多数情况下都会被替换为宋体）。所以PPT完成后，嵌入字体是必做的一个环节。那么该如何操作呢？很简单，只要两步就能搞定！

Step 01 打开"文件"菜单，选择"选项"命令，弹出"PowerPoint选项"对话框。

🔧 **Step 02** 选择"保存"选项，在右边勾选"将字体嵌入文件"复选框。这里有两个选项：部分嵌入和完全嵌入。一般选择部分嵌入，因为嵌入所有字符后PPT会变得十分庞大，有时候他人打开都困难。若要便于他人编辑，还不如直接附上字体一起传送。

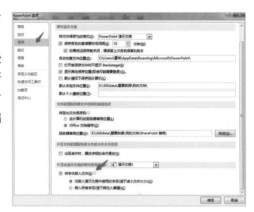

04 寻找多样化字体

有时我们想多试试其他字体，带给PPT一些新鲜的感觉，这时该去哪儿找字体呢？

1. 找字网

网址：http://www.zhaozi.cn/

找字网算是中国最全的字体网站，上面有各类字体的介绍和预览，界面简洁清爽，部分字体提供下载。

▲ 找字网

▲ 找到喜欢的字体后，点击箭头所指的位置即可下载安装

2. 字体管家

如果嫌寻找和安装字体的过程太麻烦，可以安装这款软件。它可以帮你一键安装字体，并对现有字体进行管理。

▲ 字体管家

3. 快典网

网址：http://sf.kdd.cc/

主要提供书法字体的下载，每个字都有10多个替换选择，不过需要单个字下载。

▲ 快典网

05 字体版权

看了这么多漂亮的字体，你是不是已经迫不及待地想搜罗一批装在电脑上？不过这里必须强调一下字体的版权：在使用一款字体之前，请务必了解它是否是免费的字体，如果不是免费的，那最好主动联系字体开发商购买。

计算机字库主要有以下3种使用情景。

❶ **内部使用：** 指个人或单位在其内部使用的终端设备上安装并使用字库的行为，该使用行为仅限于在屏幕上显示和临时从打印机上输出两种。一般我们的PPT使用场景属于该种情景，字体开发商不会追究。

❷ **内置使用（OEM）：** 指将字库文件整体加载或捆绑到电子文件、影视剧、软件、硬件中，使之成为商品的一部分，并随该商品一起发行、销售的行为。如果没有经过合法的购买，该行为已经涉及到商业侵权。

❸ **商业发布：** 指以直接或间接营利为目的，将字体作为视觉设计要素，进行复制、发行、展览、放映、信息网络传播、广播等使用字体的行为，范围包括：商标标识、广告、海报、产品包装、说明书、宣传册、企业自有网站、宣传单张、防伪标识及其他形式和介质的商业推广。如果没有经过合法的购买，该行为会被字体设计厂家采取法律手段进行追究。

所以，当我们把字体用于商业场合时，请尊重原创者的劳动。只有这样，字体设计者们才能不断创造出漂亮的字体。

Section 02 小段落，大讲究

在制作PPT时难免需要展示一段段文字，这时除了可以给它"穿"上好看的字体，还可以分分层次，变变形式，让段落也上得厅堂！

01 你真的会用"段落"吗？

"段落"功能十分重要，特别是在PPT要展示的文字比较多的时候。通过它我们可以为文字划分层次、协调布局，最终让文字以美观的形式呈现出来。

"段落"的常用功能选项可从"开始"选项卡的"段落"选项组中选择，单击选项组右下角的对话框启动器，可打开"段落"对话框，其中包含了"段落"的完整功能选项。

▲ "段落"的常用功能选项　　　　　　　　　▲ "段落"的完整功能选项

1. 项目符号和编号

一个段落的文字会涉及到并列或先后关系，借助于"段落"中的"项目符号和编号"功能，我们可以轻松地将这两个关系表现出来。

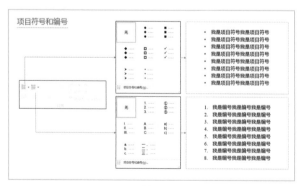

▲ 项目符号和编号

2. 降低/提高列表级别

这个功能多与"项目符号和编号"功能结合使用，用以表现段落内不同层次文字的并列和先后关系。

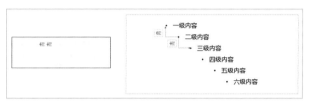

▲ 降低/提高列表级别

3. 行距

在PowerPoint中，"段落"选项组中行距调节的默认间隔是0.5。但在实际制作中，我们经常发现两段文字间行距为1太窄，行距为1.5又太宽，此时需要自定义调节。

我们可以单击"开始"选项卡中的"行距"按钮，在下拉列表中选择"行距选项"选项，在弹出的"段落"对话框的"缩进和间距"选项卡中设置"行距"为"多倍行距"，并改变"设置值"的数值。笔者个人比较喜欢1.2和1.3这两个值。

▲ 自定义行距的步骤

行距：1.0	行距：1.2
知识管理（Knowledge Management，KM）就是为企业实现显性知识和隐性知识共享提供新的途径，知识管理是利用集体的智慧提高企业的应变和创新能力。知识管理包括几个方面工作：建立知识库；促进员工的知识交流；建立尊重知识的内部环境；把知识作为资产来管理。	知识管理（Knowledge Management，KM）就是为企业实现显性知识和隐性知识共享提供新的途径，知识管理是利用集体的智慧提高企业的应变和创新能力。知识管理包括几个方面工作：建立知识库；促进员工的知识交流；建立尊重知识的内部环境；把知识作为资产来管理。
行距：1.3	行距：1.5
知识管理（Knowledge Management，KM）就是为企业实现显性知识和隐性知识共享提供新的途径，知识管理是利用集体的智慧提高企业的应变和创新能力。知识管理包括几个方面工作：建立知识库；促进员工的知识交流；建立尊重知识的内部环境；把知识作为资产来管理。	知识管理（Knowledge Management，KM）就是为企业实现显性知识和隐性知识共享提供新的途径，知识管理是利用集体的智慧提高企业的应变和创新能力。知识管理包括几个方面工作：建立知识库；促进员工的知识交流；建立尊重知识的内部环境；把知识作为资产来管理。

▲ 不同行距的效果

4. 对齐方式

"段落"选项组中提供了常用的5种对齐方式。常用的是左对齐、居中对齐和右对齐。

▲ 5种对齐方式效果

两端对齐的效果与左对齐类似。当各行文字字数不相等时，两端对齐会把字数多的行压缩、字数少的行拉伸，使整个段落各行右端也对齐（末行除外），这样文章看上去就比较美观些。

▲ 两端对齐让文本框区域左右都对齐，整体更"方块"

不同的对齐方式带来的视觉效果不同，但只要清晰美观，都能有助于观点的传递。

▲ 3种对齐方式效果

5. 文字方向

PowerPoint中默认的文字方向为横排。我们可以借助该功能将文字转任意角度，但更多情况是将横排转为竖排，特别是在中国风PPT中。

▲ 文字方向

6. 对齐文本

对齐文本主要是针对插入的色块中的文字，其默认为中部对齐。通过该功能可以改变为顶端对齐或底端对齐。

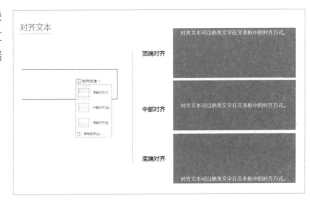

▲ 对齐文本

7. 转换为SmartArt

这是"段落"中一个十分有用的功能。你只需①通过"项目符号或编号"设置好文字，②单击该按钮，即可将文字"一秒钟变逻辑图"。

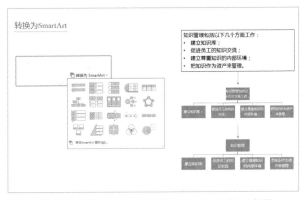

▲ 利用"转换为SmartArt"功能将文字一秒钟变逻辑图

02 把内容打散

做PPT又不花钱,所以我们没有必要"省着"制作PPT。

有时一页PPT上四五层信息,何不分散到四五页上?这样每条信息都能得到观众的重视。

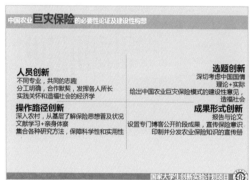 

 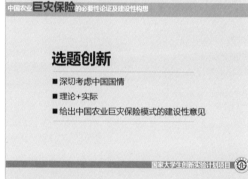

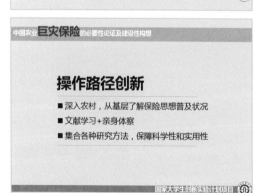 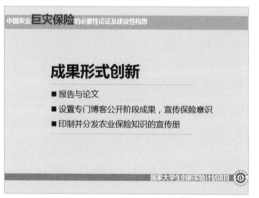

▲ 第一幅图片是未被拆散的PPT,逻辑虽清晰,但是内容太多,观众容易"消化不良"。其他图片为拆散后的PPT,通过过渡页引导,每页单独设计,条目清晰,重点分明,令观众能集中注意力到每一点上

当然，也可以在第一张幻灯片的基础上设置动画，让每个条目依次出现。但那样还不如直接换页来得清晰、有冲击力。

不过，如果所有要点都是围绕一件事情展开的，而且你不会详细地去描述每个部分，此时将它们放在一起不要打散是正确的选择。

▲ 需要整体呈现的内容不要打散

Word的PPT化

▲ 待修改的Word版PPT

这是百度上关于"知识管理"的一些信息，长得很"Word"，现在需要将其PPT化。

知识管理

■ 在组织中建构一个量化与质化的知识系统，让组织中的资讯与知识，透过获得、创造、分享、整合、记录、存取、更新、创新等过程，不断的回馈到知识系统内，形成永不间断的累积个人与组织的知识成为组织智慧的循环，在企业组织中成为管理与应用的智慧资本，有助于企业做出正确的决策，以适应市场的变迁。

■ 21世纪企业的成功越来越依赖于企业所拥有知识的质量，利用企业所拥有的知识为企业创造竞争优势和持续竞争优势对企业来说始终是一个挑战。

相关概念

1. 知识
   通过学习、实践或探索所获得的认识、判断或技能。
2. 知识管理
   对知识、知识创造过程和知识的应用进行规划和管理的活动。
3. 组织
   职责、权限和相互关系得到安排的一组人员及设施。
   示例：公司、集团、商行、企事业单位、研究机构、慈善机构、代理商、社团或上述组织的部分或组合。
4. 管理体系
   建立方针和目标并实现这些目标的体系。
5. 显性知识
   以文字、符号、图形等方式表达的知识。
6. 隐性知识
   未以文字、符号、图形等方式表达的知识，存在于人的大脑中。

知识管理·概念

■ 在组织中建构一个量化与质化的知识系统，让组织中的资讯与知识，透过获得、创造、分享、整合、记录、存取、更新、创新等过程，不断的回馈到知识系统内，形成永不间断的累积个人与组织的知识成为组织智慧的循环，在企业组织中成为管理与应用的智慧资本，有助于企业做出正确的决策，以适应市场的变迁。

■ 21世纪企业的成功越来越依赖于企业所拥有知识的质量，利用企业所拥有的知识为企业创造竞争优势和持续竞争优势对企业来说始终是一个挑战。

知识管理·相关概念

1. 知识
   通过学习、实践或探索所获得的认识、判断或技能。
2. 知识管理
   对知识、知识创造过程和知识的应用进行规划和管理的活动。
3. 组织
   职责、权限和相互关系得到安排的一组人员及设施。
   示例：公司、集团、商行、企事业单位、研究机构、慈善机构、代理商、社团或上述组织的部分或组合。
4. 管理体系
   建立方针和目标并实现这些目标的体系。
5. 显性知识
   以文字、符号、图形等方式表达的知识。
6. 隐性知识
   未以文字、符号、图形等方式表达的知识，存在于人的大脑中。

1. 简加工

① 突出重要内容，例如"知识管理"。② 改变行距：设置为1.2。③ 分散化：将"知识管理"概念与其他相关概念分为两页。④ 层次化：相关概念名词为一层，解释为另一层。

2. 深加工

加色块，加图片，让整体展示效果更美观。

如何让重点文字"脱颖而出"？

面对一行行整齐排列的文字，观众就像进入迷宫，很难找到出路。制作者的责任是为大家指出方向，方法就是让重点突出。

为什么要突出一部分文字？其实就是怕观众"找不着北"。具体来说包括以下两个原因。

❶ **为了更有层次。**主标题、次标题和内容应该层次分明。

❷ **为了突出重点。**有时没办法再减少文字，那就把最重要的凸显出来，减少观众的视觉负担。

01 常规方式

常规的凸显方式有：加粗、划线、改变字体、反衬、改变颜色和改变字号。

原始文字	知识管理（Knowledge Management，KM）就是为企业实现显性知识和隐性知识共享提供新的途径，知识管理是利用集体的智慧提高企业的应变和创新能力。
反衬	知识管理（Knowledge Management，KM）就是为企业实现显性知识和隐性知识共享提供新的途径，知识管理是利用集体的智慧提高企业的应变和创新能力。
改变颜色	知识管理（Knowledge Management，KM）就是为企业实现显性知识和隐性知识共享提供新的途径，知识管理是利用集体的智慧提高企业的应变和创新能力。
改变字号	知识管理（Knowledge Management，KM）就是为企业实现显性知识和隐性知识共享提供新的途径，知识管理是利用集体的智慧提高企业的应变和创新能力。
加粗	**知识管理（Knowledge Management，KM）**就是为企业实现显性知识和隐性知识共享提供新的途径，知识管理是利用集体的智慧提高企业的应变和创新能力。
划线	知识管理（Knowledge Management，KM）就是为企业实现显性知识和隐性知识共享提供新的途径，知识管理是利用集体的智慧提高企业的应变和创新能力。
改变字体	知识管理（Knowledge Management，KM）就是为企业实现显性知识和隐性知识共享提供新的途径，知识管理是利用集体的智慧提高企业的应变和创新能力。

▲ 常规方法：单独使用

更多时候我们可以对这些基本方式进行组合，这比单独使用更能突出重点。

改变颜色+改变字体

知识管理（Knowledge Management，KM）就是为企业实现显性知识和隐性知识共享提供新的途径，知识管理是利用集体的智慧提高企业的应变和创新能力。

改变颜色+改变字体+位置独立+改变字号

知识管理（Knowledge Management，KM）

就是为企业实现显性知识和隐性知识共享提供新的途径，知识管理是利用集体的智慧提高企业的应变和创新能力。

▲ 常规方法：组合使用

02 非常规技巧

1. 妙用大号字

对于十分重要的关键词，不如考虑尽量放大，让观众直观感受到它的冲击力。

日本有一个演讲大师叫做高桥征义，他的PPT将大号字用到极致，简单粗暴，但却充分达到了PPT所强调的PowerPoint。

▲ 高桥征义风格PPT：凝练的大字

不过对于平时的演讲展示，建议不要太频繁使用大号字，毕竟这对演讲者本身的要求十分高。冲击力的背后是演讲者本身的魄力。

▲ 用凝练的大字对每一部分进行总结，让观众对内容留下深刻印象

▲ 这是耐克的新浪微博账号@just do it在伦敦奥运会期间为微博营销制作的配图，大号字震撼力十足，取得了十分可观的转发量

2. 形象化释义

每个字、每句话都有它的含义。对字或段落进行一定操作，可以产生会心一笑的效果。

❶ **从文字本身入手，考虑其在色彩、形状上的变化以产生释义效果。比如用颜色的渐变表现事物的发展，用字形的变化表现事物的状态。**

▲ 这是一家墨水公司的介绍幻灯片，用5种颜色表现 COLOR，既是对颜色的诠释，又与公司产品相呼应

▲ 将颠覆的"覆"倒置，形象地表达这个词的含义

❷ **一群文字组合形成某种形状。** 文字可以组成文字，也可以组成形状。方法是先放一个图形或文字在底层，然后在上面添加文本框写字，最后删掉底层的文字或形状。

▲ 让文字组成云状，与"云服务"呼应

▲ 题目是"图说"，用"图"摆出"说"的形状，刚好点题

❸ **文字内容与文字形状的结合：设计诗。** 这是最近很火的"设计诗"，用视觉画面传达诗歌内容。若恰当地用在PPT上，肯定会让观众赞不绝口！

▲ 设计诗用文字形状、颜色形象地表达情感，观众看了很容易会心一笑

Section 04 文字设计常见难题的解决办法

到此为止，从字体的选择到段落的设计，基本的文字处理技巧已经搞定。不过，这里还有一些小问题需要大家注意。

01 搞不清字体名

很多时候我们在网上看到一张很好看的图片，想要其中文字的字体，却不知道它的名字。这时可以用截图软件（比如QQ截图）将文字截下来，然后去求字体网（http://www.qiuziti.com/）按步骤操作。

▲ 求字体网

动动手 Try it "按图索字"

Step 01 在网页上发现好看的字体，截取出想要的部分，并保存为图片。最简单的截图方法：打开QQ，然后按快捷键Ctrl+Alt+A。

Step 02 进入求字体网（http:// www.qiuziti.com/），点击"浏览"上传截图。

Step 03 拼字，也就是帮助计算机确定是不是这个字。

Step 04 找到所需字体。

02 字体不能嵌入

有些字体（比如文鼎习字体）不能嵌入到PPT中去，放到其他电脑上会显示出错。

此时有以下两个解决办法。

方法一是另存为PDF格式，这适用于没有动画的PPT。打开"文件"菜单，选择"导出"－"创建PDF/ XPS文档"命令，即可将PPT转制为PDF。

▲ 将PPT转制为PDF

方法二是将使用了不能嵌入的字体的文字以图片形式粘贴。先复制使用了不能嵌入字体的文字，然后在PPT空白处右击，选择"粘贴选项"下的第3项。

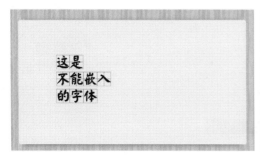

▲ 在PPT中将文字以图片形式粘贴

03 可以用艺术字吗？

艺术字乍看起来很漂亮，可一旦放入段落中，一种"乡村非主流"的气息就扑面而来。现在不都在倡导"扁平化"吗？所以还是尽量少用艺术字！

▲ PowerPoint 2013提供的艺术字　　　　　▲ 你觉得艺术字真的"艺术"吗？

04 如何快速替换字体？

　　PPT制作完成后，却突然觉得某个字体不好看，想要将其换掉，难道要一个个选中文本框改变字体？不用这么复杂，我们可以使用"替换字体"功能瞬间完成所有指定字体的替换。

Step 01 在"开始"选项卡中单击"替换"下拉按钮，在下拉列表中选择"替换字体"选项。

Step 02 在弹出的"替换字体"对话框中分别设置被替换的字体和替换成的字体，单击"替换"按钮即可。

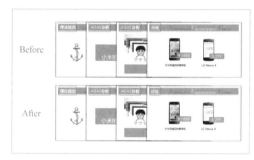

▲ 替换字体的步骤　　　　　　　　　　　　　　　　▲ 字体替换效果

05 如何进行中英文混排？

　　一般情况下不建议中英文混排，因为这容易看起来"中不中洋不洋"。但是有些地方确实需要两者搭配使用，此时可以让其中相对不那么重要的语种（一般是英文）更浅，这样便能使其显示效果柔和不冲突。

▲ 中英文搭配：让英文颜色更浅

课后作业

假设你是即将演讲的嘉宾，下面这段文字是你演讲的素材，你会如何将它放在PPT里？

在将文字放入PPT时，分别从以下两种情况入手。

❶ 在不删减文字的情况下。

❷ 在可以删减文字的情况下。

破窗效应：及时矫正和补救正在发生的问题。

破窗效应是犯罪学的一个理论，该理论由詹姆士·威尔逊（James Q. Wilson）及乔治·凯林（George L. Kelling）提出，并刊于《The Atlantic Monthly》1982年3月版的一篇题为《Broken Windows》的文章中。此理论认为环境中的不良现象如果被放任存在，会诱使人们仿效，甚至变本加厉。

以一幢有少许破窗的建筑为例，如果那些窗不被修理好，可能将会有破坏者破坏更多的窗户。最终他们甚至会闯入建筑内，如果发现无人居住，也许就在那里定居或者纵火。又或想像一条人行道有些许纸屑，如果无人清理，不久后就会有更多垃圾，最终人们会视若理所当然地将垃圾顺手丢弃在地上。因此破窗理论强调着力打击轻微罪行有助减少更严重罪案，应该以"零容忍"的态度面对罪案。

本课后作业的效果示例在**随书光盘\案例文件\Ch2**中。

Tips

大家经常会给手机安装各种各样的APP。大多数优质APP在文字排版方面也制作精良。平时不妨适当留意，在合适的时候可以借鉴到PPT中。

▶ 左图选自应用：词ci

使用字体：方正清刻本悦宋简体（词牌名）和方正中等线简体（词句部分）；书法体与方正体结合，打造中国风风格

▶ 右图选自应用：唱吧

使用字体：方正卡通简体（唱吧）和方正静蕾简体（最时尚的手机KTV）；方正字体与卡通字体结合，看起来十分活泼

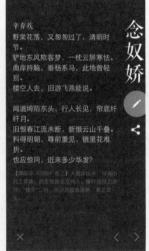

"多多益善"
——把大量内容放到一页PPT内的5个技巧

"Less is more（少即是多）。"这是德国建筑设计大师密斯·凡·德·罗的一句名言，它很好地反映在了以乔布斯为首的演讲大师们的PPT中。但我们的领导似乎并不这么认为："把这个、这个，还有这个放到PPT中！"没事，more就more吧，我们也能hold住！

"最近开始关注博主，我也是一个靠做PPT过日子的主。我的报告是做给客户的，由参与度30%以下的销售主讲。这就导致我需要把大量的内容和数据明明白白地罗列在报告中，生怕销售在讲解的时候忘词。请问博主有没有过这种制作"傻瓜版"PPT的经验分享？"

这个朋友的问题是一个普遍现象：主动或被动，很多情况下我们都需要在一页PPT内呈现太多的内容。虽然这违背了"少即是多"的原则，但当我们改变不了外在因素的时候，只能试着去改变自己（做的PPT）。

这里笔者总结了5个把大量内容放到一页PPT内且兼顾展示效果的技巧，希望能对大家有所帮助。

> **PPT博客推荐**
> 谢谢他们的辛苦付出！
> 1.秋叶语录
> 秋叶的博客最大的特点是聚合了很多PPT爱好者的投稿作品，所以在这里你可以看到各种各样的风格。所以建议在掌握一定基础后再来这里学习。
> 2.般若黑洞
> 般若黑洞的博客重点是传授大量PPT技巧，分享设计经验，分享一些PPT资源。博主身份是西北大学的在读博士，故其作品多为理工科相关。
> 3.Presenting to win
> 博主杨天颖是一个自由培训师，这个博客主要侧重传授演讲和PPT方面的技巧。其作品大气内敛，并不一味强调少，而是注重信息传递的完整性，很适合商务人士参考。
> 4.让PPT设计New~New
> 作者Lonely Fish是管理咨询从业人员，博客侧重分享工作型PPT设计方法与PPT的创新理念。
> 有人将其PPT风格称为"包派"风格？
> 如何理解，三个关键词：①文字简短；②图片柔和；③配色清淡。

▲ 最初的版式

技巧一　利用灰色"隐蔽"内容

灰色有个好处：自动成为"备胎"，在"现任"被浏览后才会被注意到。所以使用灰色文字展示次要内容能够让页面看起来清爽许多，也不会丢失内容。

> **PPT博客推荐**
> 谢谢他们的辛苦付出！
> **1.秋叶语录**
> 秋叶的博客最大的特点是聚合了很多PPT爱好者的投稿作品，所以在这里你可以看到各种各样的风格。所以建议在掌握一定基础后再来这里学习。
> **2.般若黑洞**
> 般若黑洞的博客重点是传授大量PPT技巧，分享设计经验，分享一些PPT资源。博主身份是西北大学的在读博士，故其作品多为理工科相关。
> **3.Presenting to win**
> 博主杨天颖是一个自由培训师，这个博客主要侧重传授演讲和PPT方面的技巧。其作品大气内敛，并不一味强调少，而是注重信息传递的完整性，很适合商务人士参考。
> **4.让PPT设计New~New**
> 作者Lonely Fish是管理咨询从业人员，博客侧重分享工作型PPT设计方法与PPT的创新理念。
> 有人将其PPT风格称为"包派"风格？
> 如何理解，三个关键词：①文字简短；②图片柔和；③配色清淡。

▲ 利用灰色"隐蔽"内容可令页面清爽许多

技巧二　对齐和亲近

这是排版的两个原则（具体会在第8章讲解）。对齐是指对页面上的元素进行整理，从而使得页面看起来层次分明、结构清晰。亲近可理解为：关系亲的靠近些，关系疏的离远点！遵循这两个原则进行操作，可以让内容清晰明了。

▲ 遵循对齐和亲近原则，内容清晰明了

技巧三　形状指引

充分利用圆形、矩形和线条等形状，让页面有所变化，也为划分层次起到辅助作用。

▲ 使用矩形作为形状指引，帮助划分层次

Tips
为了让页面保持简洁，用于指引的形状最好选用灰色或者比主题色更淡的颜色。具体的配色方法可见本书第4章。

技巧四　页内动画

对页内的各元素使用"进入"动画，这样可以缓和内容突然全部呈现的"惊悚"感。

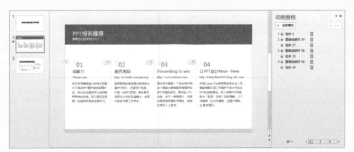

▲ 利用页内动画进行"缓冲"

技巧五　利用演示者视图

如果仅仅是怕演讲者忘词，那不妨将重要内容放到备注里，借助演示者视图即万无一失。

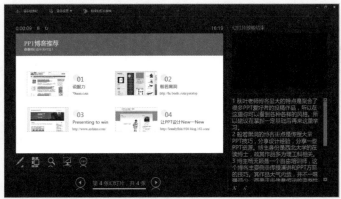

▲ 使用演示者视图可让页面简洁美观，把大段提示性内容放到观众看不到之处

最后附一个"怎样用5张幻灯片，在一年内，为两个创业公司融资3轮，筹得1000万美元？"的PPT案例。可以看到，这个PPT的信息含量其实非常之大，但是看起来却十分干净清爽。实现方法除了强大的文案能力，还有就是前文所述的技巧一、二和三。

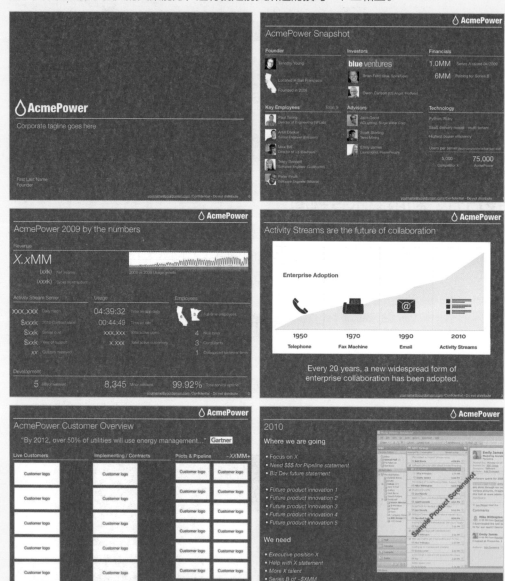

▲"怎样用5张幻灯片，在一年内，为两个创业公司融资3轮，筹得1000万美元？"的PPT案例

Chapter 03

用好图片，告别平淡！

扫一扫，更多惊喜哦

扫描二维码，关注笔者微信

人人都爱看图片

上一章我们花了很大篇幅来讨论文字的使用，但是一个"惨痛"的事实是：谁想逐字读啊！这并非否认文字的重要性，只是光有文字还不够。

只靠文字还不够吸引眼球。抓不住眼球，势必丧失沟通的机会。

抓住眼球最简单最直接的方法就是找一张合适的配图，与文字相得益彰。

▲ 左边PPT为纯文字形式，虽然重点清晰，但如果你是观众，面对这样的PPT时间长了，恐怕也很容易视觉疲劳，最终厌烦失去耐心。右边PPT加入合适的图片装饰，与文字"脱下"相呼应，既能吸引观众注意力，又能再次强调重点，一举两得

在PPT中，配图一般担任着3种角色：解释说明、情景再现和气氛营造。

1. 解释说明

用具象的图片辅助解释文字内容，简单直观，生动易记。

▲ 案例为某公司的微电影提案PPT。在文字陈述的基础上搭配对应的图片，两者相互印证，增强了内容的可信性

Tips

如果选用的图片多以小图呈现，可以考虑对其进行适当压缩，以减少PPT的体积。操作方法为：单击要压缩的图片，再单击"图片工具-格式"选项卡"调整"选项组中的"压缩图片"按钮，在弹出的"压缩图片"对话框中设置"目标输出"方式（一般选择"打印"）。

2. 情景再现

PPT的一大用途就是公司年会、班级活动展示。在这些场合下，于PPT中放上大家的工作生活照片，比任何文字都温馨美好。

▲ 案例是某班级周年纪念日的回顾PPT。大面积的图片展示和少量的文字描述，让每个人都回到当时的场景里，重温曾经的快乐

3. 气氛营造

某些图片在配色或构图上具有独到之处，看起来十分有意境，加入到PPT中，能够营造出特别的气氛。特别是在偏感性的环境下，能起到点睛的效果。

▲ 案例是一个总结大学生生涯的PPT。作者用大量具有怀旧意味的图片烘托惜别的心情，配上感伤的文字，突出毕业季的离愁别绪

综上，对用于阅读的PPT，如果能找到一张合适的配图，观众就会很容易被吸引到幻灯片上，之后视线由图片转移到文字，最终信息也顺理成章地得到传递。如果是用于演讲的PPT，那更好，将文字缩减到一句话或一个词，配上有力的图，再加上演说者给力的讲解，听众自然融入，演说当然精彩！

当然，**图片的选择和使用可不是一件简单的事。**

不要急，这一章会为大家进行详细的讲解。

首先，我们有必要知道PPT中常用的图片形式有哪些。

PPT中常见图片形式知多少

PPT中常见的图片形式包括照片、剪影、图标、简笔画、3D小人、2D小人和剪贴画。它们分别有什么优缺点呢？下边分别进行详细介绍。

01 照片

照片是最常见的形式，通过摄影而获得，记录最原始的生活画面。其写实的风格对于表情达意十分有用，精妙的图像语言可很好地表达抽象的含义。

优点：易获取。既可自己拍摄，也可通过网络搜索获得。视觉冲击力强。照片的内容一般比较丰富，带给人的视觉冲击力相对于其他图片形式也更强。

缺点：视觉冲击力强的另一面就是很容易喧宾夺主，特别是在配图与文字不搭时。

▲ 照片

02 剪影

剪影是将人脸、人体或其他物体的轮廓表现出来的图片形式，它能很好地表现事物大体特征，又不会因为视觉冲击力太强而影响观众对文字的注意。

优点：不会过分吸引观众注意，可很好地起到衬托作用。

缺点：同一PPT多次使用后易显得单调；资源不太多，很难找到适宜的配图。

▲ 剪影

03 图标

图标是具有指代意义的图形符号，具有3个特性：高度浓缩、快捷传达信息和便于记忆。

优点：多为PNG格式，插入后不会有白边，无缝嵌入。

缺点：一般很小，视觉冲击力不强，只能辅助使用。

▲ 图标

04 简笔画

简笔画通过提取客观形象最典型、最突出的主要特点，以平面化、程式化的形式和简洁大方的笔法，表现出事物的概括性特征。

优点：简单清晰，轻松活泼，能拉近与观众的距离，并且只要花点时间，人人都可以创作出来。

缺点：很随性，不大气，正式场合不宜使用。

▲ 简笔画　　选自《高效PPT设计的7个习惯》（新浪微博@孙小小爱学习）

05 3D小人

3D小人是通过将人物3D化、简洁化而形成的一种图片形式。其内容量大，多表现团队合作、绩效提升等商务主题，适宜在公司内展示使用。另外，因为图片背景多为白色，所以使用时应尽量使用白色背景。

优点：资源丰富，即拿即用。

缺点：内容多为商务主题，在其他场合使用会显得不伦不类；小人面无表情，看多了会有呆板的印象。

▲ 3D小人

06 2D小人

2D小人是通过将人物扁平化而形成的一种图片格式，相比3D小人更加简洁直观。其制作方法也简单快捷，组合几个图形即可制作完成。

优点： 看起来简单清爽，在扁平化潮流兴盛的今天被设计师所宠爱。

缺点： 与3D小人一样，面无表情，略显呆板。

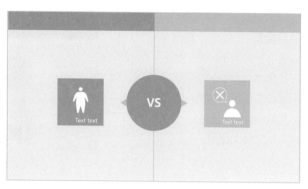

▲ 2D小人

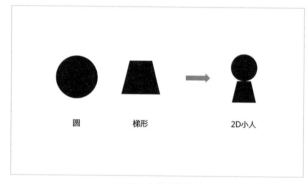

▲ 2D小人简易制作法

07 剪贴画

这是Office提供的一款WMF格式的矢量图形，看起来像由多种材料剪贴而成，与剪影相比多了一些细节。

优点： 获取容易，直接通过"联机图片"插入即可。

缺点： 你不觉得很土吗？（好像10年前的PPT！）

▲ 剪贴画

不可不知的图片处理技术

拿到图片后一般不建议直接使用，而要对其大小、基本参数进行一些调节。在这一部分，我们来学学6种不可不知的图片处理技术。

01 裁剪

选中PPT中的任意一张图片，即可发现功能区中多了一个"图片工具-格式"选项卡，"裁剪"按钮即在该选项卡的右端。我们可以通过"裁剪"工具将图片裁成各种形状，或者各种比例。

▲ 从"图片工具-格式"选项卡中找到"裁剪"按钮

▲ 裁剪成不同形状

如何突出照片的主体？

这是一页以猫为主题的PPT。猫在该页中占比太小，表现力不足；而且其视线方向为左下角，若指向文本框肯定更好。我们可以通过"裁剪"实现：裁出猫的主体部分，然后放大到整个页面。

▲ 原始效果

🔧 Step 01 选中图片，单击"裁剪"按钮，图片便进入待裁剪的状态，如下图所示。拖动图片四周的圆形控制点（注意：不是黑色粗线），放大裁剪区域内猫的比例，如右边两图所示。

🔧 Step 02 将文字移动到与猫视线相平的位置，即大功告成。

猫在休息时，喉咙中常会发出呼噜呼噜的声音。有人认为这是猫在打呼，但美国科学家却发现这是猫自疗的方式之一。人们之所以称猫有9条命，与猫休息时打呼有密不可分的关系。

▲ 裁剪后的效果

02 调整大小

调整图片大小时一定要把握好以下两个辅助按键。

❶ 等比例放大、缩小：按住Shift键的同时拖动图片某个角的控制点。

❷ 对称放大、缩小：按住Ctrl键的同时拖动图片某个角的控制点。

一起来制作明信片吧！

如何制作类似下图的明信片？

▲ 效果图

📌 Step 01 **准备工作**。准备好一张喜欢的照片，再挑选一张干净的背景图片，并为其添加矩形和文字。获取图片的网站可参照本章专题提供的链接。

Step 02 **拉伸图片。**记住在按住 Shift键的同时拖动图片某个角的控制点。

▲ 直接拖动图片某个角的控制点，容易使图片变形

▲ 按住Shift键的同时拖动图片右下角的控制点，在图片右边到达设定区域后停止

Step 03 **裁剪掉多余部分。**一张明信片即制作成形了。

080

▲ 最终效果图

03 修正图片基本参数

利用PPT可以对图片的基本参数进行修正，下面先来了解一下图片的基本参数都有哪些。

①**亮度**：指色彩本身因为光度不同而产生的明暗差别。

②**对比度**：一幅图片中明暗区域最亮的白和最暗的黑之间不同亮度层级的测量，即指一幅图像灰度反差的大小。

③**清晰度**：图片上各细部影纹及其边界的清晰程度。

④**饱和度**：即色彩的纯度。纯度越高，表现越鲜明，纯度越低，表现则越黯淡。

⑤**色温**：光源光色达到某种颜色时，与其匹配的热黑体辐射体的温度。色温越高，图片越泛蓝；色温越低，图片越泛橙红。

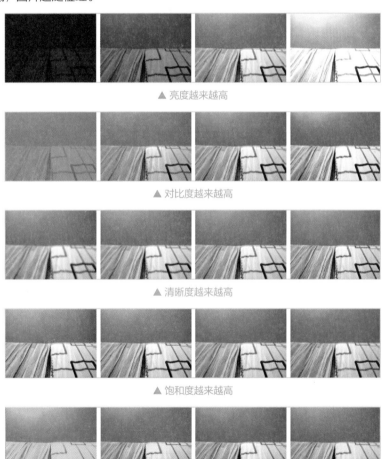

▲ 亮度越来越高

▲ 对比度越来越高

▲ 清晰度越来越高

▲ 饱和度越来越高

▲ 色温越来越高

所以，只要知道图片是哪个参数出了问题，就可以将其调节回正常状态。

PPT也能修图？！

这是一张从相机里导出的照片。它的问题是：亮度偏暗、对比度低，而且画面偏冷，整体给人没精神的感觉。借助PPT自身的修图工具，我们试着让它焕然一新。

Step 01 在PPT中单击图片，再单击"图片工具-格式"选项卡"调整"选项组中的"更正"按钮，在下拉列表中选择"图片更正选项"选项，操作界面右边即会出现"设置图片-格式"窗格。

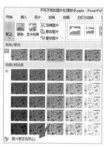

Step 02 在"图片更正"选项面板中调整"亮度"为25%、"对比度"为10%，在"图片颜色"选项面板中将"饱和度"增加到110%，将"温度"增加到10639，完成对图片的调整。

04 个性的重新着色和艺术效果

1. 重新着色

在"图片工具-格式"选项卡中，单击"颜色"按钮即可进行"重新着色"的操作。重新着色可以让图片呈现单一颜色（或原色减弱），这可以很好地减弱艳丽图片的视觉冲击力，从而有利于文字的表现。重新着色包括3种类型：冲蚀效果、单一颜色和灰度着色。

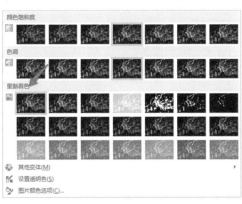

▲ 重新着色

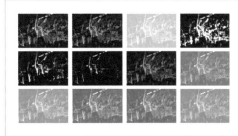

▲ 重新着色的效果

① **冲蚀效果**：使用冲蚀效果后，图片看起来像被蒙上一层透明的纸，若隐若现。之后便可尽情在图片上添加文字，如右图所示。

② **单一颜色**：顾名思义，就是让图片只呈现某一种颜色。该效果可以直接过滤掉其他颜色，让图片看起来更加纯粹。在具体使用中，可考虑将多个单一颜色进行组合，给人耳目一新的感觉，如下图所示。

▲ 冲蚀效果

▲ 组合多个单一颜色

让同一张照片呈现3种颜色

在这里，我们参考音悦台的banner，让同一张照片呈现3种颜色。

Step 01 复制3张图片，分别重新着色。

Step 02 分别裁剪出需要的部分。

Step 03 添加图形和文字即可完成。

❸ **灰度着色**：灰度着色其实也属于单一颜色，它的应用更广泛，所以单独列出，以示重要性。该效果可以像其他着色效果一样弱化图片背景，而且不会那么艳丽，特别适合于商务环境。而且，在多张图片上使用时，能迅速规避掉多种颜色的冲突，使其更协调。

▲ 灰度着色体现出稳重的商务范 制作@杨天颖GaryYang

▲ 第一张幻灯片图片太多，颜色太杂，一眼看过去视线关注点很容易被带偏。将背景的一系列图片进行灰度着色后，一下就干净许多，观众的视线自然集中到解释文字上

更多关于灰度的运用，可参见第4章的专题"'灰'常不错"。

2. 艺术效果

"艺术效果"有点类似于Photoshop的滤镜，可以实现图像的各种特殊效果。该工具在"图片工具-格式"选项卡中，单击"艺术效果"按钮后即可看到预览效果。

▲ 艺术效果

以下左图为例，我们来看看不同"艺术效果"的应用：

 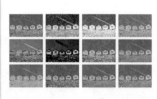 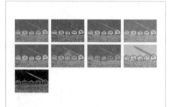

▲"艺术效果"的应用

"艺术效果"的使用十分灵活，这里重点推荐一下"虚化背景"。

▲ 突出文字。将背景模糊后文字更突出，相比"重新着色"，图片颜色保留更多

▲ 突出图片元素。裁剪出需要的部分，背景图片模糊处理，画面效果生动形象

制作"画中画"

突出图片元素的效果也称"画中画"效果，其制作方法需要用到之前涉及的"裁剪"操作和"虚化"艺术效果。

🖊 **Step 01** 复制一张图片，裁剪出需要突出的部分。

📷 **Step 02** 对原图使用"虚化"艺术效果。

📷 **Step 03** 将裁剪出的图片放到虚化图片上对应的位置，添加阴影效果和文字即可。

05 图片效果有诀窍

　　除一些基本参数的修正外，PowerPoint还提供了多种图片效果以供选择，包括阴影、映像、发光、柔化边缘、棱台和三维旋转。效果如下。

▲ 阴影让页面层次多样

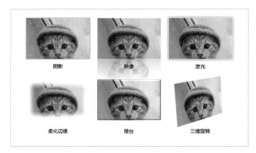

▲ 6种图片效果

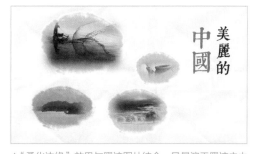

▲"柔化边缘"效果与墨迹图片结合，风景溶于墨迹之中

▲ 映像效果给人图片浮出水面的错觉

▲ 映像和三维旋转结合使用，增强图片立体感

06 图片版式的秘密

之前在第2章我们介绍过，按层次编辑好的文字可以一键转为SmartArt。其实图片也能这样，而且操作更简单、更直观。实现该效果的工具就是"图片版式"。"图片版式"工具也在"图片工具-格式"选项卡中。在选中一张图片后，即可看到它所提供的一系列逻辑图样式。

制作图片逻辑图

Step 01 选中图片，单击"图片工具-格式"选项卡中的"图片版式"按钮，选择一个版式效果。

Step 02 在图片左侧的输入框中输入文字，并按Enter键。

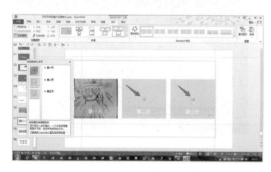

Step 03 分别单击第二、第三张色块中间的图形，即可插入图片。

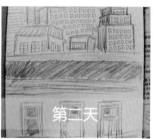

第一天　　第二天　　第三天

▲ 效果图

如果对这个版式不满意，我们还可以对其进行修改：选中当前的SmartArt图形，在功能区中多出来的"SMARTART工具-设计"选项卡中的"布局"选项组中选择任一形状即可。

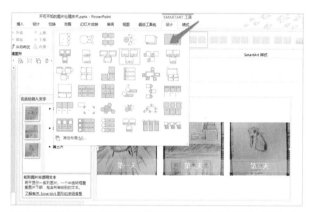

第一天　　第二天　　第三天

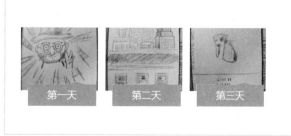

第一天　　第二天　　第三天

▲ 其他布局

这样做就毁了PPT!

看到这么多好用的工具，你是不是有种想要马上制作PPT的冲动？不过这里还要先泼一盆冷水："好图+好文案"可不一定等于"好的PPT"！如果你像下面这样做，那很有可能就毁了PPT！

01 尺寸过小

配图片的目的是为了衬托内容，突出重点。尺寸太小的图片观众看不清，就很难突出重点。

截至2010年11月1日零时全国总人口为

 1,339,724,852

数据来源：第六次全国人口普查主要数据公报(第1号)

▲ 尺寸过小

02 随意摆放

虽然这不是平面设计，但也要考虑一下美观和观者感受，太随意只能说明你没有用心。

截至2010年11月1日零时全国总人口为
1,339,724,852

数据来源：第六次全国人口普查主要数据公报(第1号)

▲ 随意摆放

03 "大而不当"

图片很大，但是未能全屏覆盖。未被覆盖的部分会显得特别多余，甚至会把观众的注意力引开——这种情况在使用模板时尤为明显。

▲ "大而不当"

04 像素过低，不够清晰

有些朋友搜图时不考虑图片的像素，结果是放进PPT后不但不能增强说服力，反而起到了减分作用。得不偿失！

▲ 像素过低，不够清晰

05 带着明显的水印

水印小时还好，水印大的话就有碍观赏。

▲ 带着明显的水印

06 图片变形扭曲

这种问题通常是因为我们调节图片尺寸时操作不规范产生的。之前提到过，正确的调节图片尺寸的方法是：在进行该操作的同时按住Shift键，即能实现图片的等比例放大或缩小。

截至2010年11月1日零时全国总人口为

1,339,724,852

数据来源：第六次全国人口普查主要数据公报(第1号)

▲ 图片变形扭曲

07 使用剪贴画

"通常来说，使用剪贴画是上个世纪的人干的事了。"——《演说之禅设计篇》。所以，若非必要，还是尽量少使用这种"过气"的图片类型为好。

截至2010年11月1日零时全国总人口为

1,339,724,852

数据来源：第六次全国人口普查主要数据公报(第1号)

▲ 使用剪贴画

08 无关图片扰乱视线

放置无关图片的恶果是，将观者的注意力转移到与讲演主题无关的方面，令讲演效果大打折扣。

截至2010年11月1日零时全国总人口为

1,339,724,852

数据来源：第六次全国人口普查主要数据公报(第1号)

▲ 无关图片扰乱视线

09 图文颜色相近

图文颜色接近时很容易互相影响，导致观众看不清内容。

▲ 图文颜色相近

▲ 解决办法是在文字与图片间加个色块，色块颜色最好与背景图的主色一致

Tips

这里还可以考虑将色块的颜色设置为半透明或渐变，使图文更柔和地搭配在一起。具体方法和效果可参见本书第6章。

图片使用技巧

前面介绍了图片处理和排版的基本知识，请一定熟练掌握。接下来我们聊聊让图片排版锦上添花的小技巧。

01 如何快速做出n×n图片拼贴

有时我们想做出n×n图片拼贴效果，却嫌裁剪麻烦，往往作罢。其实我们可以充分利用"裁剪"下拉列表中的"纵横比"选项，快速做出这类版式效果。

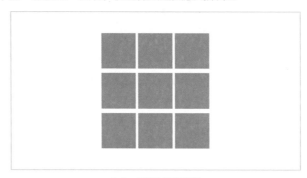

▲ n×n图片排布效果

制作n×n图片拼贴

🖊 **Step 01** 将所需的图片插入到幻灯片中。

Step 02 将图片按1:1的比例裁剪。

Step 03 裁剪的同时若想放大某个局部，可以通过拖动图片某个角的控制点实现。

Step 04 对其他图片进行如上操作，实现n×n的排列布局。

02 什么时候使用"设置透明色"？

"图片工具–格式"选项卡中的"颜色"下拉列表中有一个独特的选项：设置透明色。它可让选中区域的特定颜色的所有像素变透明。所以如果我们想让某个有背景的元素无缝嵌入到PPT中，可以使用该功能。

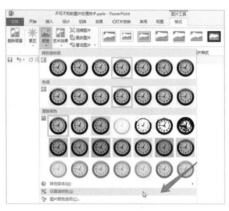

▲ 设置透明色

但是，要想让该功能产生好的效果，有几个条件：①背景颜色单一；②背景与需要抠出的图片部分有较大的差异；③抠出的图片需缩小后呈现。

若不满足这几个条件，制作出的图片就很容易产生毛边，甚至图片残破不堪。

▲ 满足条件的情况下，图片无缝嵌入

▲ 不满足条件的情况下，图片周围存在毛边，还不如不使用该效果

一般来说对于白底的PPT页面，最好的处理方法还是选择与其白色背景颜色相近的图片，直接无缝嵌入。

▲ 白色背景的图最好在白底PPT上呈现，干净大方

03 图片安排有讲究

当我们选用的图片是风景和人像时，有一些基本原则需要遵守。若违背，就会让页面整体给人不协调的感觉。

1. 人物视线

单个人物，没有文字，视线向内。 向内则"面对"观众，观众会产生受到重视的感觉；而向外则容易将观众的视线带出PPT。

▲ 你的视线是不是与该人物一样向左边移动出了幻灯片？

▲ 是否感觉他在看你？你的视线是否又回到幻灯片上了？

单个人物，有文字，视线向字。 观众可以顺着人物的视线注意到重要的观点，这符合大家的观看习惯。

▲ 人物的视线方向不在字上，结果观众也容易"跑偏"

▲ 将主题字移到人物的视线方向上，观众便能顺着人物视线注意到页面的观点

　　多个人物，视线相对。这样人物视线的焦点仍然停留在PPT上，不会将观众的注意力带到PPT外面。

▲ 无论看上面的女士还是下面的男士，视线都很容易移出PPT

▲ 两人的视线相交于屏幕中央，观众的视线也停留在PPT中

2. 上天下地

　　风景类图片的摆放最好遵循上天下地的原则，这符合我们平时的视觉习惯，否则看起来十分别扭。

▲ 上图中地面在上，天空在下，看起来别扭

▲ 改为天空在上，地面在下后看起来更自然

3. 内部对齐

　　图片对齐时不仅要考虑到图片整体对齐，还要考虑图片内部内容对齐。

▲ 上图中两张图片虽然外部是对齐的，但左图中的手是居中呈现，而右图中的手是底部呈现，看起来极不协调

▲ 调整为上图后效果好多了

04 蒙版让图文完整融合

在图文排版时，我们经常会遇到下左图所示的情况：文字与图片相互独立、界线分明。若淡化它们的分割线，两者便能"无缝融合"。方法是在图片上加一个渐变色块作为蒙版夹层，渐变设为由白色到无色。（具体操作可参见第6章的"形状蒙版：距离产生美"。）

▲ 蒙版让图文自然过渡

05 3B原则

想一想，广告里最常出现哪三类主角？是不是美女（Beauty）、动物（Beast）和婴儿（Baby）？

▲ 美女（Beauty）、婴儿（Baby）和动物（Beast）

使用该种表现手段的广告符合人类关注自身和其他生命体的天性，最容易赢得消费者的注意和喜欢。我们可将该原则用于选图中：同时找到两张符合要求的图片时，一张有美女，另一张没有，那就用有美女的！

▲ 两张表达医药主题的图片，哪张更吸引你？

06 图文颜色统一还是相对？

一般来说，每张图片都会有一个比较突出的颜色，这个颜色可以作为我们文字配色的参考：两者统一时，画面协调，融为一体；两者相对时，文字内容突出，强调作用明显。

哪些色是对比色，哪些色是近似色，可参见第4章的"配色方案二：使用专业配色方法"。

▲ 上图配套文字使用与背景图片色温相悖的蓝色，强调效果明显

▲ 上图文字使用橙色，与背景相搭配，不显突兀

07 类似照片墙的摆放

如果你有一组照片要展示，那么不如考虑把它们摆放成照片墙的形式。这种排版方式很有生活气息，能够拉近与观众的距离。

▲ 这是笔者于厦门游玩后制作的游记PPT封面。照片墙的形式既契合了旅行的主题，又与厦门这个城市的小清新气质相得益彰

Test 课后作业

这里有一段文字，请为它找到合适的配图，并排版呈现。

第一最好不相见，如此便可不相恋。
第二最好不相知，如此便可不相思。
第三最好不相伴，如此便可不相欠。
第四最好不相惜，如此便可不相忆。
第五最好不相爱，如此便可不相弃。
第六最好不相对，如此便可不相会。
第七最好不相误，如此便可不相负。
第八最好不相许，如此便可不相续。
第九最好不相依，如此便可不相偎。
第十最好不相遇，如此便可不相聚。
但曾相见便相知，相见何如不见时。
安得与君相诀绝，免教生死作相思。

　　——仓央嘉措、皎月清风、
　　白衣悠蓝的《十诫诗》

本课后作业的效果示例在随书光盘\案例文件\Ch3中。

▲ 参照《见与不见》

全图形PPT制作攻略

全图形PPT是指"图片为主、文字为辅"的一类PPT。这类PPT的视觉效果震撼，往往很能吸引观众的目光，进而有效地传递演说者的观点。

▲《演说之禅》作者加尔·雷纳德

《演说之禅》的作者加尔·雷纳德（Garr Reynolds）对全图形评价颇高，甚至将其看做一种哲学理念，同时告诫演说者要做 "Story-tellers"（说故事的人）。

我与你们，错过了最初的相识，却赶上了最后的相送。

我最想说的是："亲爱的同学们，让我们一起超越自己领领未来

大学是一个追求真理的地方，是新思想的摇篮，是探索者的乐园。大学是一个精神的圣地，永远汇聚着充满人文理想与科学追求的青年，青年的你们是未来世界的希望。

作为校长，我希望看到6249个洋溢着无穷个性的饱满生命，独特、美丽，永远地绽放在世界的舞台上，不断地超越自己，领导着世界的未来。

▲ 全图形PPT效果震撼，能瞬间吸引观众的注意力

攻略一   为什么要制作全图形 PPT？

全图形PPT有这样两个好处。

❶ **对观众而言**：减轻思考负担。浓缩的观点加上恰到好处的配图，令观众能够立即把握演讲者想传递的信息。

❷ **对演说者而言**：入门容易。它既不需要针对太多的文字选取对应的逻辑图，也不需要对太多元素进行各类对齐、聚拢、重复等复杂排版，而仅仅是按照"大图+大字"的风格制作PPT就可以了。

▲ 看到全是文字的PPT，是不是有种抗拒的心理？

▲ 看到全图形PPT，是不是很容易"进入状态"？

攻略二   什么时候使用全图形 PPT？

全图形PPT并非所有时候都适用。一般来说，我们在以下场合可以考虑使用全图形PPT。

1. 陈述有故事的内容

名人简介、产品介绍、读书笔记、心灵鸡汤、生活情趣等偏故事性的主题PPT最适宜用全图形吸引观众。

◀ 拟人的图片搭配上生动的阐述，马上缩短了与观众的距离

选自《一个鸡蛋的故事》
（新浪微博@秋叶）

◀ 有力的观点配上简洁的人物图片，两者相辅相成

一张简洁的图片，配上有力的文字，两者相辅相成

▲ 综合使用照片和剪影。照片经过处理后与"极限"相呼应，剪影凸显轮廓，将观众视线导向飞盘介绍文字

选自《极限飞盘》
（新浪微博@孙小小爱学习）

2. 在特定页面活跃气氛

有些场合虽然不适宜大面积使用全图形PPT，但不妨在封面、过渡页和封底等页面穿插使用，以活跃气氛。

▶ 全图形封面尽量选择有大量留白的图片，以给标题和其他文字留出空间。该PPT是介绍小米的案例，最合适的配图莫过于该品牌手机图片了

▶ 全图形PPT用做过渡页，可起到缓解气氛的作用。该页用"坏蛋"的文字和图片进行匹配，一语双关，十分幽默地过渡到下一部分

▶ 全图形PPT用于封底时，可以考虑使用与封面一样的图片，并"重新着色"，以首尾呼应。该页"重新着色"为灰度图，突出"Thanks"字样

▶ 全图形PPT穿插于内容页时，其作用类似于全图形过渡页，能够很好地调节气氛。该页PPT借助"美女老师"将观点陈述出来，自然亲切

攻略三　如何制作全图形 PPT？

全图形PPT的制作需要把握以下3个方面。

第一是对文字进行提炼，第二是根据提炼的文字选择合适清晰的图片，第三是考虑如何将文字与图片进行结合。

1. 文字的提炼

放到全图形PPT上的文字不能多，但具体的提炼方法见仁见智。比如你可以放最震撼人心的一句话或者文档中的标题，甚至就放一个符号。

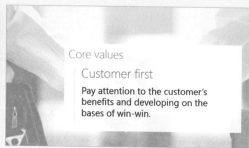

▲ 左图没用一个文字，但借助于箭头，观众也能够抓住讲演者想要强调的内容；右图则包括3个层次的内容：核心价值（Core values）、顾客第一（Customer first）和具体的描述，每一部分都精炼了文字，看起来十分清爽
左图选自《锤子系统发布会PPT》（新浪微博@罗永浩）

2. 选择合适的图片

❶ 挑选关键词

对于具体事物，我们可以从以下几个角度入手：（1）相关的人；（2）相关的事；（3）相关的物；（4）其他相关的元素。

以"财务"为例，我们可以考虑与其相关的人，比如财务人员；也可以考虑它所代表的活动，比如讨论活动；或者相关的物品，比如计算器。

▲ 从左到右：财务人员、讨论活动、计算器

对于抽象事物，我们需要发挥想象力。例如，我们可以用肩膀来表示"责任"，用攀登来表示"勇气"。

▲ 责任：肩膀

▲ 勇气：攀登

❷ **搜索图片**

这里重点推荐Office自带的"联机图片"。这是我们经常忽略的途径，若得到充分利用，会给我们的PPT制作带来很大的方便。

▲ 插入联机图片

▲ 联机图片包括3个部分：Office.com剪贴画、必应Bing图像搜索、你的SkyDrive

联机图片包括3个数据库：其一是Microsoft Office官网的图片站，其二是必应图像搜索，其三是你的SkyDrive（Office提供的云存储）上的图片。第一、第二项已经能够满足我们50%以上的需要。

以"商务"为例，笔者在Office.com剪贴画里搜索出了1000多个结果，图片的质量都足以应付PPT的使用需要。

◀利用Office.com剪贴画搜索"商务"得到的图片

用Bing图像搜索的结果匹配度没有Office.com剪贴画高，需花些时间才能找到合适的图片。

◀利用Bing搜索"商务"得到的图片

其他高质量图片网站如下表所示。

网站名称	网　址	说　明
站酷网	www.zcool.com.cn	拥有海量高质量的照片和矢量图以及设计师的作品，相信对你PPT展示效果的提升会有很大的帮助
花瓣网	http://huaban.com/	这里的图片都是经过挑选后"采摘"而来，所以搜索到的图片质量相对较高
Flickr	http://www.flickr.com/	雅虎旗下的图片社交网站，有摄影师的作品，也有普通人的作品
下吧	http://xiaba.shijue.me/	视觉中国旗下的素材分享网站
全景网	http://www.quanjing.com/	从创意图片到商务图片，应有尽有
1X	http://1x.com	多为艺术摄影作品，视觉效果震撼
Findicons	http://findicons.com/	图标搜索及下载网站，界面是中文的，但需使用英文搜索

3. 图文结合

❶ 文字 + 图片

将文字直接放在图片的空白处，这是最完美的情况。如果图片是PNG格式或抠出来的，那就更好了。

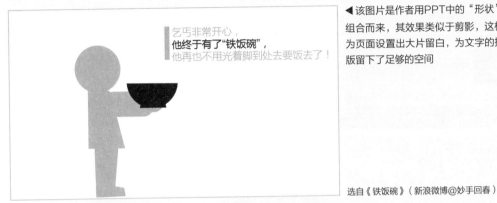

乞丐非常开心，
他终于有了"铁饭碗"，
他再也不用光着脚到处去要饭去了！

◀该图片是作者用PPT中的"形状"组合而来，其效果类似于剪影，这样为页面设置出大片留白，为文字的排版留下了足够的空间

选自《铁饭碗》（新浪微博@妙手回春）

◀有PS功底的朋友可以像该PPT展示的一样，将需要的图片抠出来，这样背景的选择余地更大，文字的放置也有更多的可能性

选自《2012年小米手机2发布会PPT》（新浪微博@小米手机）

◀不会PS的朋友可以考虑像该PPT一样，调高背景图的亮度，DIY出页面的留白

骐骥一跃，不能十步；驽马十驾，功在不舍。
锲而舍之，朽木不折；锲而不舍，金石可镂。

——荀子《劝学》

❷ 文字 + 色块 + 图片

　　有些图片没有太多空白放文字，此时可考虑在文字下方放色块（一般是矩形或圆形）。

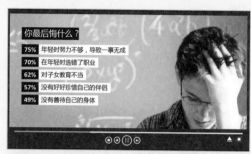
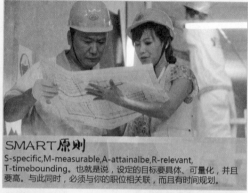

▲ 在添加色块时，最重要的是颜色的选择，这里有两个简单的方法：一是选择与背景图片一致的颜色，如下右图的红色就与钱的颜色相呼应；二是选择百搭的黑白灰，如上左、上右和下左图
下左图选自《皮影戏给现代商务的启示》（新浪微博@杨天颖GaryYang）

❸ 文字 + 物件 + 图片

　　如果你觉得色块太单调，可以考虑使用一些物件进行修饰，比如便利贴、墨迹。

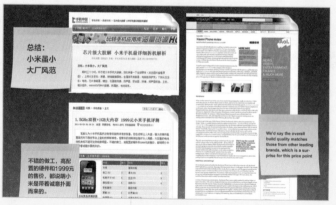

◀用便利贴来标注提示内容，让人联想到平时的工作习惯，十分亲切。在百度图片里搜"便利贴"，就有很多资源可供下载

选自《小米手机联通发布会雷总演讲PPT》
（新浪微博@小米手机）

▲ 这是DIY的一个便利贴，通过将网上下载的图钉图案和一个有阴影效果的白色矩形相结合制作而成，与Pinterest网站名称相呼应

❹ 文字 + 修饰后的图片

之前的制作方式都是原图呈现。其实我们可以尝试对图片进行处理，以便文字更清晰凸显。

上图选自《移动互联，引爆未来》
（新浪微博@杨伟庆）

▲ 采用模糊效果后，虽然丢失了部分图片细节，但文字的表现力增强。这适用于文字与图片都十分重要的PPT，若非如此，可以考虑前面3种方式

攻略四　常见困难与解决办法

1. 图片质量低怎么办？

　　全图形PPT最重要的就是图片质量。如果图片确实比较小，质量不高，我们可以使用拼图的办法来解决。

▲ 利用本章第4节"如何快速做出n×n图片拼贴"中介绍的方法制作如上两图所示效果。若图片数量不够，可以考虑添加与图片颜色相近的色块填补空白

2. 实在没有合适的图片怎么办？

　　如果时间紧迫，或者真的找不到对应的图片，可以放大关键字来顶一下：或者拼凑，或者直接放大，也能达到模拟图片的效果。

▲ 用PPT中正文关键文字拼出"事"，既让整个页面更充实，又在表达上起到双关效果

▲ 将重点文字放大呈现，也能起到图片般震撼的效果
选自《小米手机联通发布会雷总演讲PPT》（新浪微博@小米手机）

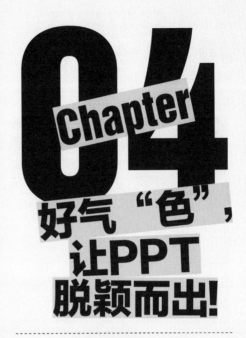

Chapter 04

好气"色"，让PPT脱颖而出！

扫一扫，更
多惊喜哦

扫描二维码，关注笔者微信

课前预热
Warming Up↑ 我们都是好"色"之徒

在本章的开头,我们来玩个小游戏"听眼睛的话":请看以下两组照片,从中分别选出一张你觉得最打动你的照片。

在笔者征询的25人里,有24人都选择了最下方的图片,你也是这样的吗?

毫不夸张地说,我们都是好"色"之徒,更喜欢色彩鲜艳的图片。毕竟,灰色总给人没精打采的感觉,甚至会让人产生死亡等不好的联想。而鲜艳的图片不仅让画面层次更分明,还容易让人感受到活泼愉快的情绪。

因为人人都是好"色"之徒,所以我们可以利用颜色的变化,让PPT的呈现更加多样化,最终成功抓住观众的眼球。

01 好气"色"让内容层次更清晰

1. 单一页面通过标题和正文颜色的不同区分层次

当PPT中文字较多时，我们便需要对不同级别和重点、非重点内容进行区分。一个方法是第2章所提及的字体，而另一个方法就是本章所讲解的颜色。

▲ 这是一个讲解面试模式的PPT，它包括3个层次，制作者的区分方法是：一级标题与二级标题通过字体区分，二级标题与正文通过颜色与字号大小区分。另外，重要内容也用红色突出

2. 多页面通过颜色对内容进行分割

PPT页面较多时，可以考虑给不同主题安排不同的主题颜色。这样既增加了一个颜色逻辑引导，又能在不同部分给观众以视觉上的刺激，带来新鲜感。

▲ 这是一个关于渠道效率的PPT,它包括3个大的部分,制作者选择了3个色彩进行区分:背景知识用严谨的蓝色,出现的问题用鲜明的橙色,解决问题的方法用充满希望的绿色

02 好气"色"让PPT更动人

    PPT颜色太单调很容易让观众提不起精神,最后昏昏欲睡。通过色彩的组合,可以有效地吸引观众的目光,保持持续的注意力集中。

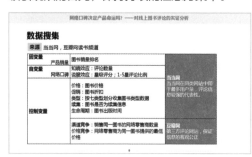

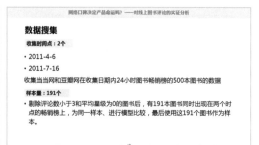

▲ 以上两个PPT都是学术报告幻灯片。前者过于拘泥严谨,只使用了黑色和灰色,看起来毫无生气,加上内容也较为枯燥,给人昏昏欲睡的感觉。后者则使用了明亮的橙色做引导色,主体文字仍然使用黑色,在严谨与活泼之间找到了恰到好处的平衡点

后者选自《网络外部性与网上交易市场均衡——基于搜寻模型与声誉机制》(新浪微博@郑小事)

    这一章,我们就一起来讨论如何让PPT气"色"自然怡人。

Section 01

必知必会的配色知识

在对PPT进行具体的上色操作之前，我们有必要了解一些配色的基本知识。

01 色彩三要素

色彩三要素分别为：色相、亮度和饱和度。

1. 色相

色相是色彩所呈现的质的面貌，是色彩彼此之间相互区别的标志。如果把色彩比作动物界，那么不同色相就如同猫、狗、蛇、羊，它们有着本质区别。同一种类的色相之间也会存在差异，有些看起来更亮（或更暗），有些则看起来更纯净（或更浑浊），这些差异就源于该色相亮度和饱和度的不同。

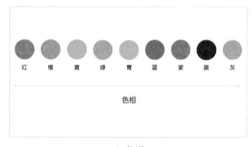

▲ 色相

2. 亮度

亮度亦称明度，是色彩明暗（深浅）的差别。在纯色中加入白色，亮度偏亮，加入黑色则亮度偏暗。

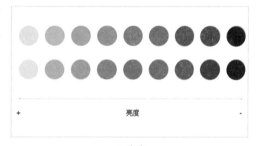

▲ 亮度

3. 饱和度

饱和度亦称纯度，饱和度高即为鲜艳，低则为暗沉。无论哪种颜色，饱和度越低则越接近灰色。

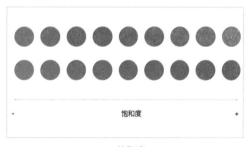

▲ 饱和度

在PowerPoint中，我们可以通过选择"形状填充"按钮的下拉列表中的"其他填充颜色"选项或"字体颜色"按钮的下拉列表中的"其他颜色"选项，打开"颜色"对话框，对形状或文字的色彩三要素进行调节。

▲ 在"颜色"对话框中设置色相、亮度和饱和度

118

02 三原色和色轮

CRT（阴极射线管）显示器是通过电子枪打在屏幕的红（R）、绿（G）、蓝（B）三色发光极上来产生色彩的，在一个32位电脑上，约有一百万种以上的颜色。一旦我们知道一个颜色的红绿蓝（也就是RGB）数值，便能够准确重建它的色彩。

但是美术上，则一般使用红黄蓝这三原色。这虽然并不精确，但该色彩更加符合我们的日常使用习惯，我们也将用这三色来进行相应的讨论。如下左图所示，这三色在色环上相隔120°分布，进行混合后即可形成12色色轮。

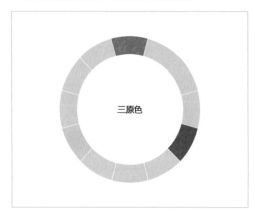

▲ 红黄蓝三原色

▲ 由红黄蓝混合形成的12色色轮

03 色彩冷暖

色彩学上根据人的心理感受，把颜色分为暖色调（红、橙、黄）、冷色调（青、蓝）和中性色调（紫、绿、黑、灰、白）。红、橙、黄色常使人联想起东升的旭日和燃烧的火焰，因此有温暖的感觉，所以称为"暖色"；青、蓝色常使人联想起晴天的天空、阴影处的冰雪，因此有寒冷的感觉，所以称为"冷色"；绿、紫等色给人的感觉是不冷不暖，故称为"中性色"。

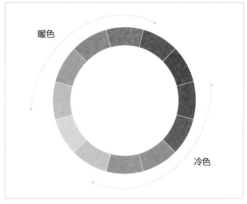

▲ 冷色和暖色

暖色和冷色可以带给人不同的心理感受：感情亲疏上，暖色调让人感觉亲近，冷色调让人感觉疏远；性格联想上，暖色调让人感觉活泼，冷色调则让人感觉安静。另外，冷暖色调还可能影响人的食欲：暖色增强食欲，冷色抑制食欲。

▲ 上图暖色背景，下图冷色背景，前者可增强食欲，后者则能抑制食欲

Section 02 配色方案一: 从色彩的意义出发

现在我们开始进行配色方案讨论。第一种方案很直观易学,我们从色彩背后的意义出发,与行业结合,给出不同行业的配色方案。

01 色彩的意义

红色

1. 红色

很容易让人联想到鲜血和火焰,一方面会传递出积极、热情、健康和活泼的感觉,另一方面也会让人产生愤怒、敌对、危险的联想。

橙色

2. 橙色

日出时分天空的颜色,是一个温暖的色彩,能传递出健康、温暖和舒适的感觉。

黄色

3. 黄色

亮度很高,象征着智慧、权力、骄傲,既能让人感觉到青春和快乐,又会给人一种警示的感觉。

4. 绿色

一般代表着和平、环保、生命和安全，给人一种年轻、健康和充满希望的感觉。

绿色

5. 青色

介于绿色和蓝色之间的颜色，其意义也介于两者之间，象征着坚强、希望、古朴和庄重。

青色

6. 蓝色

大海和晴朗天空的颜色，象征着平静、理智、冷淡和低调，是商务主题PPT中运用最多的色彩。

蓝色

7. 紫色

跨越冷色和暖色，能传递神秘、高贵、优雅的感觉，具备极强的女性气质。

紫色

8. 白色

一种中性色，很容易让人联想到雪花、纸张，给人纯洁、干净、神圣的感觉。

9. 黑色

夜的颜色，给人高贵、肃穆和华丽的感觉。

10. 灰色

一种百搭的色彩，在不同的场合下气质会发生变化，它既可以给人一种正确、严谨、商务的感觉，又会让人产生消极、平凡、中庸的联想。

Tips

了解了各个色彩背后的含义之后，我们来休息一下，一起做个小游戏: 你能不能将这些关键词与颜色进行对应？

注: 有些词可能对应多个颜色。

温暖（　　）　　　愤怒（　　）

警示（　　）　　　冷静（　　）

庄重（　　）　　　优雅（　　）

纯洁（　　）　　　生命（　　）

平庸（　　）

02 行业配色

在了解了各色彩的意义之后，我们便可将其与各行各业的特点结合，给出配色方案。

1. 高科技行业：黑、灰、蓝

这3种颜色都给人富有理性、科技感的感觉。

▲ 这是苹果公司新产品发布的演示文稿，黑灰蓝渐变，大气沉稳，富有科技感，配上乔布斯富有煽动性的演讲，成了演示文稿的经典之作

2. 金融财会类：深蓝、深红

金融财会行业要求从业人员一丝不苟，否则一点差错就可能导致大笔资金的流失。深蓝和深红能给人稳重、严谨的感觉，与该行业的要求相一致。

▶ 这是两个经济论坛的现场照片，它们给人最直观的感受就是"蓝"。作为冷色调，蓝色给人严谨稳重、一丝不苟的感觉，这与经济会议所需求的品质相一致

3. 制造业：蓝、黑、白、灰

制造业的目标是做出符合要求的产品，其更多的是强调实用性，蓝、黑、白、灰4种颜色与其行业特点相对应。

▶ 这是Chevron（雪佛龙）官网上的介绍图片，已经类似于演示文稿的呈现方式。可以看见，蓝色无论是作为背景，抑或单独放在某个区域，都给人一种踏实稳重的感觉。黑白灰文字则用于具体的解说。四者搭配协调统一

124

4. 医药行业：绿、蓝

医药行业十分特殊，关系到千千万万人的生命健康，所以它需要给人信心，绿色和蓝色刚好能体现这种感觉。

▶ 右侧上图是辉瑞中国的介绍演示文稿，下图则是惠氏新品的策划方案，它们分别以亮度偏高的蓝色和绿色为主体颜色，给人阳光和希望的感觉，引人憧憬

5. 政府党政机关：深红、黄、深蓝

政府机关需要塑造权威和严谨的形象，所以一般选择红、黄、蓝的配色方案。其中，红和黄使用频率最高，因为这也是国旗的配色方案。

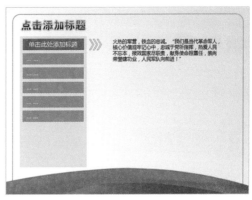

▲ 这是Hi-hoo公司制作的《建军83周年模版》。关于党政专题，第一想到的就是五星红旗的"红黄"组合，大气稳重。使用时切记红色一定要深，否则会显得不够稳

6. 教育培训业：黄、橙、绿

教育培训行业的对象一般是学生，要想吸引他们投入，演示文稿需要具备强大的亲和力和开放性。在这方面，黄、橙、绿是最好的选择。

▲ 这是新东方的培训文稿（来源于百度文库）。绿色既有亲和力，又有树苗茁壮成长的意味，与英语培训的目标一脉相承

相信大家看到这里，会发现有一个颜色使用最频繁，那就是蓝色。它上得了厅堂（比如金融财会科技），下得了厨房（制药业），简直就是一个万金油颜色！其实在PPT的配色设计中，它的地位相当于字体设计中的微软雅黑。如果不知道该怎么配色，那就用它来打头阵吧！

配色方案二:使用专业配色方法

将色彩的意义同行业进行匹配的配色方法确实简便快捷,但却很难进行扩展。比如,想在此基础上添加色彩,该如何着手?

所以,我们还需要掌握一些专业的配色方法。专业配色方法的核心是4类对比:零度对比、调和对比、强烈对比和多色相对比。

01 零度对比

零度对比的颜色来自于同一色相,或者是某一色相与黑白灰的搭配。其中黑白灰为无彩色,它们不在色相环里出现。

1. 无彩色对比

只用黑、白、灰来进行配色。对比效果大方、庄重、高雅而富有现代感,但也易产生过于素净的单调感。

▲ 无彩色对比

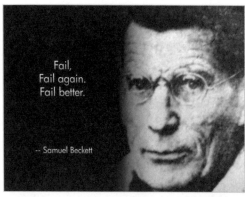

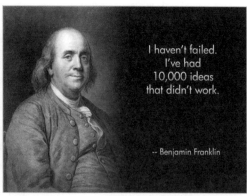

▲ 这两页PPT通过引用名人名言阐述失败并不可怕的观点。因为名人已逝,故使用灰度图片;文字则使用灰白渐变,在黑底上显得内敛稳重,与内容相一致

选自幻灯片分享网站Slideshare.com上十分受欢迎的一个作品《Fail》

▲ 该幻灯片旨在介绍图片社交分享应用Instagram。该应用的特点在于简单优雅，故其幻灯片解说文字使用灰色，页面重点留给图片。不过它的灰过于淡雅，播放时观众可能看不清

选自扁平化风格PPT作品《Insta-gram design concept》

2. 无彩色与有彩色对比

　　选择一个颜色（有彩色）与黑白灰进行搭配。对比效果既大方又活泼，无彩色面积大时偏于高雅、庄重，有彩色面积大时活泼感加强，这在PPT中使用最广泛。

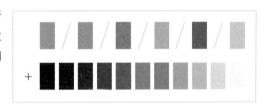

▲ 无彩色与有彩色对比

▲ 以上4个案例都是一个颜色搭配黑白灰，重要文字得到突出，次要文字则被弱化，整体搭配和谐

下右图选自《揭秘品牌建设》（@teliss）

3. 同类色对比

一种色相的不同明度或不同纯度变化的对比，俗称同类色组合。这种对比效果统一、文静、雅致、含蓄、稳重，但也易产生单调、呆板的感觉。

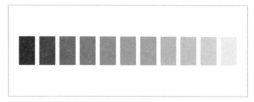

▲ 同类色对比

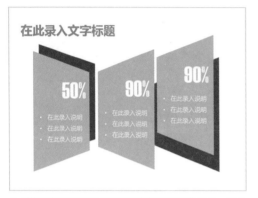

▲ 该案例使用了深绿色和浅绿色两种同类色色块，深色部分如同浅色部分的阴影，增强了页面的立体感

选自《好看的目录》（新浪微博@无敌的面包）

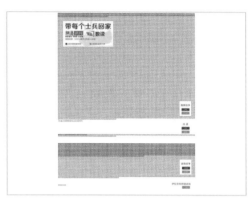

▲ 该案例用深蓝色和浅蓝色分别代表"被识别的遗体数"和"依然失踪的人数"，既表达了沉重的情绪，又让两个类别区分开来

选自网易数读《带每个士兵回家》

4. 无彩色与同类色对比

其效果综合了类型2和类型3的优点，给人感觉既有一定层次，又显得大方、活泼、稳定。

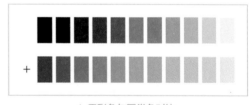

▲ 无彩色与同类色对比

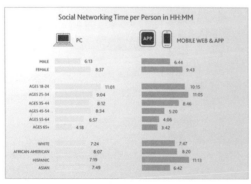

◀ 该案例用不同明度的彩色表示重要的信息，黑白灰则起辅助作用

选自尼尔森的分析报告《The Social Media Report（2012）》

02 调和对比

为了在配色上体现差异，但这差异又不是特别大，此时我们可以使用调和对比。它包括3类：邻近色对比、类似色对比和中度色对比。

▲ 调和对比

1. 邻近色对比

色相环上距离30°左右的两色对比，为弱对比类型。效果柔和、雅致，但也易感觉模糊、乏味，必须调节明度差来加强效果。

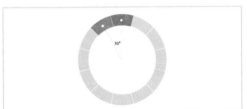

▲ 这是一个汽车保险介绍幻灯片。注意事项用橙色表现，是否完成用红色对号标注，红橙整体突出，但对比柔和

2. 类似色对比

色相环上距离60°左右的两色对比，为较弱对比类型。效果较丰富、活泼，但又不失统一、雅致、和谐的感觉。

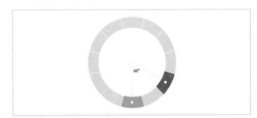

▲ 蓝绿对比，相较于邻近色对比，对比效果更明显，看起来也更活泼

选自《2011央视三维电影传媒介绍》（新浪微博@上传下载的乐趣）

3. 中度色对比

色相环上距离90°左右的两色对比,算是"调和对比"和"强烈对比"的临界值。

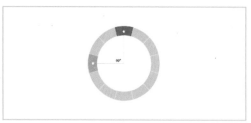

▲ 红黄对比,效果明快、活泼、饱满,使人兴奋,对比既有力度,又不突兀

选自《科学松鼠会PPT精选》(新浪微博@果壳时间)

03 强烈对比

以上的对比相对柔和,接下来的两种对比则比较强烈:对比色对比和互补色对比。

▲ 强烈对比

1. 对比色对比

色相环上距离120°左右的两色对比,为强对比类型。效果强烈、醒目、有力、活泼、丰富,但也不易统一而感杂乱、刺激、易造成视觉疲劳。一般需要采用多种调和手段来改善对比效果。

▲ 蓝黄对比,用蓝色表示普通内容,用黄色进行强调,对比效果突出。但黄色在投影时一般很难看清,故请慎重使用

选自《产品伤害危机对品牌资产的影响》(新浪微博@刘滨Lincoln)

2. 互补色对比

色相环上距离180°左右的两色对比，为强对比类型。效果强烈、眩目、响亮、极有力，但若处理不当，易产生幼稚、原始、粗俗、不安定、不协调等不良感觉。

▲ 蓝橙对比，效果与蓝黄对比类似，而橙色比黄色投影显示效果更好，推荐使用

选自《 抉择！移动互联时代大变局 》（ 新浪微博@蒋涛CSDN ）

04 多色相对比

一般来说，一个PPT中使用两个非黑白色彩再加上黑白已经足够。若颜色更多，只会让PPT显得浮躁，甚至混乱。

不过，多色彩在一定情况下也可以起到十分特别的作用。

1. 单页面内容区分

某些页面难免会有多个块别需要表达，此时不妨用不同颜色进行指代。

▲ 有没有一种眼花缭乱的感觉？

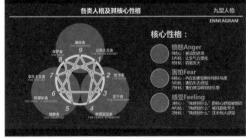

▲ 两者的共同特点是用不同颜色指代不同的内容，这比用形状看起来更清晰明显

左图选自《科学松鼠会PPT精选》（ 新浪微博@果壳时间 ），右图选自《九重人格》（ 新浪微博@Louiechot ）

2. 多页间层次区分

若一个PPT有多个部分，不妨为这几个部分分别分配一个主题色，这样每部分过渡清晰，且富有变化。

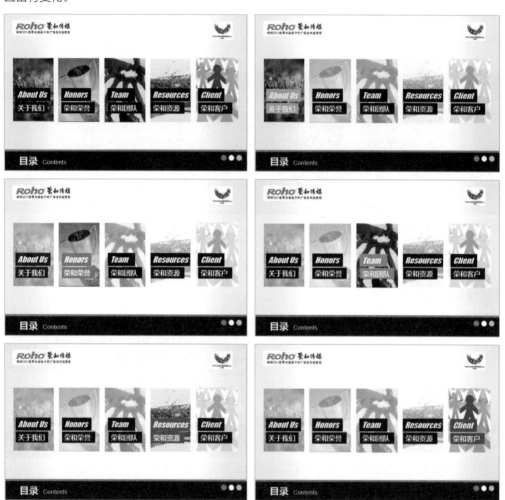

▲ 该案例分别用绿色、橙色、水蓝色、蓝色和红色代表5个部分；过渡页将该部分图片颜色"点亮"，其余图片则被"熄灭"（变成灰色），观众看来清晰直观

选自《荣和传媒PPT》（新浪微博@无敌的面包）

Tips

当找到的图片主体颜色比较接近时，若想实现"利用颜色区分层次"的效果，可以对各图片"重新着色"（上一章才学过，还没忘吧）。

Section 04

"偷"学配色秘笈

"你说了这么多,可领导要我马上完成一个PPT,有没有更快的方法?"
有!而且借助于PowerPoint 2013,十分简单!那就是"偷"!

01 从别人PPT里"偷"

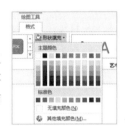

PowerPoint 2013的一大改进就是自带取色器工具。所以打开他人PPT后,如果觉得这个配色不错,不妨把色取出来,看看它的RGB值是多少,自己做个总结秘籍。这样下次不知怎么配色时,打开秘籍即可。

◀ PPT自带取色器

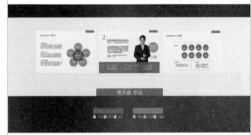

▲ 这是笔者从其他PPT达人那里"偷"来的配色方案

133

02 从Logo里"偷"

如果是为企业(或学校、其他组织)制作PPT,那不妨参考一下企业的Logo。若它只有一种颜色,我们就用其做主色,再考虑是用黑白灰组成零度对比,还是加入其他颜色组成调和对比或强烈对比。若有多种颜色,则可直接使用。

▲ 从Logo里"偷"来的配色方案

03 从网页设计里"偷"

网页也是丰富的配色资源,为了美观,设计师们常常煞费苦心。我们何不直接拿来运用?

▲ 从网页设计里"偷"来的配色方案

配色资源介绍

为PPT配色并不一定要拿着色轮绞尽脑汁地自己琢磨和试验，借助一些配色网站和相应软件，我们可以轻松完成专业级别的配色。

01 配色网站

1. kuler

网址：https://kuler.adobe.com/

Kuler是一个基于网络的应用，它提供免费的色彩主题，我们可以在任何作品上使用它们（不会有版权问题）。在Explore版块，你可以在搜索框搜索你的配色主题，比如danger，它就会反馈你相应的配色建议。

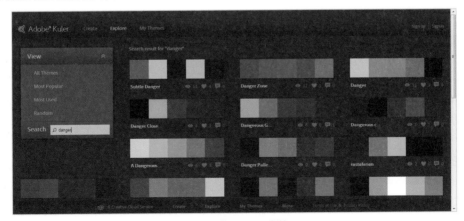

▲ Kuler的Explorer版块

在Create版块，则可以根据色彩对比的方式生成一系列配色方案。

▲ Kuler的Create版块

2. colorblender

网址：http://colorblender.com/

相比于Kuler，这个网站十分"简单"：你只用在左下角的"Edit Active Color"部分输入某个颜色的RGB值，它就会反馈你几种色彩搭配建议。

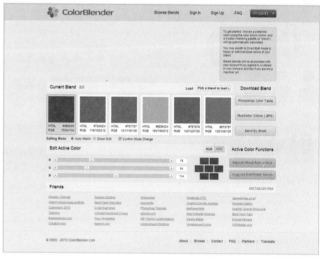

▲ Colorblender

3. colorhunter

网址：http://www.colorhunter.com/

在这个网站，我们可上传图片，从而得到相应的配色方案。对于图文搭配的PPT，我们可以通过它来选择文字的颜色。

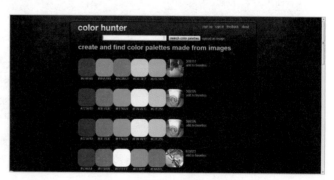

▲ Colorhunter

02 配色软件

如果你不想每次配色时都去网上找方案，那不如下载这款配色软件：ColorSchemer Studio。

它十分小巧，而且操作简便：随意点击颜色盘或拉动旁边的光谱条，漂亮的颜色就出来了。

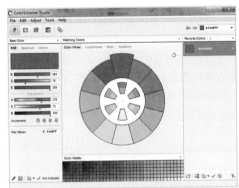

▲ ColorSchemer Studio

课后作业

"数字尾巴"是一个关于数码生活的网站，其Logo的主色采用了科技类公司最爱的蓝色。现在有一页介绍该网站的PPT需要美化，请思考以下问题。

❶ 你会如何对文本配色？

❷ 如何根据本书第2、3章的文字、图形知识进行排版，让重点突出？

本课后作业的效果示例在**随书光盘\案例文件\Ch4**中。

Tips

这是"数字尾巴"自我介绍的网络版，它使用了何种配色方法？

"灰"常不错
——聊一聊灰色在PPT中的运用

如果多加留意，你肯定已经发现，在之前的讨论里我们已多次提到了"灰色"的使用。灰是一个神奇的颜色，它可以让你的PPT"灰"常不错！

灰色是无彩色，没有属于自己的色相和饱和度，只有明度，介于黑色和白色之间。若将其拟人化，它必定是一位站在旁边为他人默默鼓掌的"食草男"，安静又普通。多它不觉差异，但少它就是不行。在这个专题，我们一起来认识这位"食草男先生"。

运用一　作为背景

灰色作为背景看起来干净清爽，能够有效烘托其他页面元素。

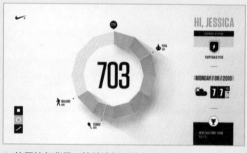

▲ 使用纯灰背景，简单清新；绿色和黑色做主色，看起来动感十足

选自一款运动设计软件的展示页面
《Nike Fuel Design Exploration》

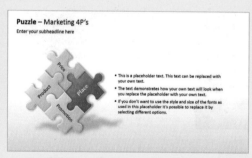

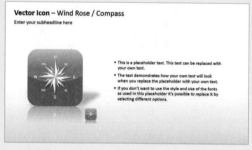

▲ 该案例是国外PPT设计网站http://www.charteo.com/设计的模版，背景使用了由上到下白灰渐变，素雅简练。主体蓝色在其衬托下突出而不突兀

运用二 作为普通元素的颜色

在PPT设计中，一般将不重要的部分灰度处理，以衬托出重要元素。

1. 文字

对文字灰度处理后，整个版面重点突出，且看起来不会那么拥挤。

▶ 这是西南财经大学2012年毕业典礼校长讲话配套PPT，校长要求既要保证重点突出，又要让一些辅助文字也在幻灯片中展示。于是制作者为重点文字配上Logo的蓝色，其余辅助文字灰度处理。这样PPT整体虽然字也不少，但看起来一点也不拥挤

2. 图片

作为背景，能看清，又不喧宾夺主。缺点是图片表现力大打折扣。

▶ 该案例将背景图片灰度处理，文字的效果得到了极度加强。不过页面一多，看起来就容易索然无味

3. 色块

用灰色色块对文字或图片内容进行简单衬托，在增加页面层次的同时不妨碍主体内容呈现。

▲ 用灰色色块做文字背景，起到简单衬托的作用

选自《我懂个P》（新浪微博@Simon_阿文）

4. 图表

将过去时态的内容用灰色表示，现在（将来预测）内容用主题色突出，一目了然。

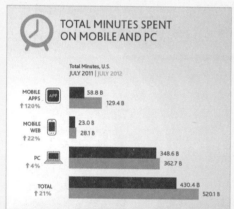

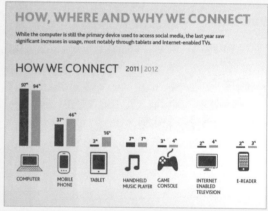

▲ 用灰色表示基准年数据，绿色表示当期数据，变化一目了然

选自尼尔森的分析报告《The Social Media Report(2012)》

Chapter 05

会变魔术的图表

扫一扫，更
多惊喜哦

扫描二维码，关注笔者微信

著名质量管理专家W.爱德华兹·戴明（W. Edwards Deming）曾说："只信数据不信人，除非你是万能神！"数据能让观者一目了然，也能让陈述简洁凝练。

以下两段对话中的回答，哪个更让你满意？

"什么时候可以完成工作？"
"马上！"

"今天去看的衣服怎么样？"
"很贵！"

"什么时候可以完成工作？"
"15分钟之内！"

"今天去看的衣服怎么样？"
"看了三四件都是500块上下，很贵！"

　　想必大多数朋友都会选择第二个回答，明确的时间和数量能让我们更精确地把握工作进度和购买能力，基于此做出适当的选择。这就是数据的作用：让信息准确地传递。

　　但是了解这个还不够，如果仅仅是在PPT中堆砌数据，观众会抓不住重点，继而失去兴趣。这时我们就需要变个魔术，让数据以图表的形式出现在观众面前。在这一章里，我们从表格出发，具体讨论各类图表的制作与美化技巧。

▲ 你说小米手机卖得非常不错，到底有多不错？

▲ 这一页加入了数据，且用橙色突出，但是数量太多，观众很难把握重点

▲ 将文字转换为表格，版面瞬间清爽多了，但重点仍然不清晰：到底想突出什么？

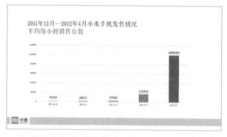

▲ 将"平均每小时销售台数"用柱形图展示，并结合颜色深浅进行突出，观众马上就能明白：哦，小米手机销售得这么快啊！

表格可以不一样

在拿到原始数据进行初步统计后，我们可以按照不同指标，将数据以表格形式呈现。

只需在"插入"选项卡中单击"表格"按钮，即可绘制表格。

不过这样的表格看起来太过普通：没美感，也没重点，很难达到吸引观众的目的。我们可以基于不同用途，对表格进行美化。

某公司在北京、上海、广州和成都四城市的销售业绩（单位：百万）

地区	2012年	2013年
北京	15	21
上海	17	22
广州	14	19
成都	10	13

▲ 普通表格

01 不同用途的表格

如果是用于学术报告，一般会用线条将层次进行分割，而非绘制完整的表格，这样看起来简洁干练。

Table 1
DESCRIPTION OF THE TOP-SELLING BRANDS ACROSS 31 CATEGORIES

	Average Share	Dispersion[a]	Range	Minimum	Maximum
All leading brands (N = 62)					
M	.216	.722	.399	.070	.469
SD	.151	.729	.179	.099	.205
Leading brands with coverage in all 50 markets (n = 47)					
M	.263	.433	.402	.092	.494
SD	.142	.185	.173	.104	.202
Leading brands without coverage in all 50 markets (n = 15)					
M	.069	1.633	.391	.000	.391
SD	.040	1.018	.201	.000	.201

[a]Between-markets standard deviation in local market shares divided by national share.

表 1 真实评估价格是 135000 美元的房地产的价格估计

Tab.1 The stimated price of real estate when its real price is $ 135,000

资料中表明的价格	房地产代理商给出的价格平均数			
	评估价格	建议销售价格	合理价格	最低接受价格
119 900	114 204	117 745	111 454	111 136
129 900	126 722	127 836	123 209	122 254
139 900	125 041	128 530	124 653	121 884
149 900	128 754	130 981	127 318	123 818

资料来源：G.B.Northcraft, M.A.Neale.,1986, Experts,amateurs,and real estate: An anchoring-and-adjustment perspective on property pricing decisions, Organizational Behavior and Human Decision Processes,39,P92.

▲ 学术报告的表格：用线条进行分割

143

若是用于学校或公司里的汇报，则可以考虑更多样的形式。PowerPoint为我们提供了大量的表格样式。

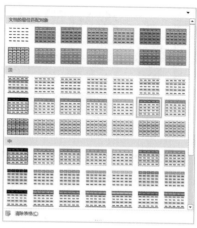

▲ PowerPoint 2013提供的表格样式

我们可以选择喜欢的表格样式进行呈现。

某公司在北京、上海、广州和成都四城市的销售业绩（单位：百万）

地区	2012年	2013年
北京	15	21
上海	17	22
广州	14	19
成都	10	13

某公司在北京、上海、广州和成都四城市的销售业绩（单位：百万）

地区	2012年	2013年
北京	15	21
上海	17	22
广州	14	19
成都	10	13

某公司在北京、上海、广州和成都四城市的销售业绩（单位：百万）

地区	2012年	2013年
北京	15	21
上海	17	22
广州	14	19
成都	10	13

▲ 利用自带表格样式生成的表格

02 表格的华丽转身

比起文字，表格对数据呈现的方式直观不少，但仍显呆板，一不小心就会增加读者或观众的视觉负担（我到底该看哪行哪列）和思考负担（是不是要怎么计算一下）。所以，对数据最好的呈现方法还是对其进行可视化处理，而可视化最简单的方法就是将表格变为图表。例如，若想对比各地区两年销售业绩的变化，选择用条形图进行呈现。

这里我们就给上一节的普通表格来一次大变身。

Step 01 单击"插入"选项卡中的"图表"按钮，在弹出的"插入图表"对话框的"条形图"选项面板中选择"簇状条形图"选项，单击"确定"按钮。

▲ 选择"簇状条形图"选项

Step 02 将表格数据输入到弹出的Excel工作表内，单击右上角的"关闭"按钮即大功告成。

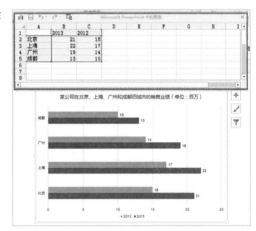

▲ 在弹出的Excel工作表内输入数据

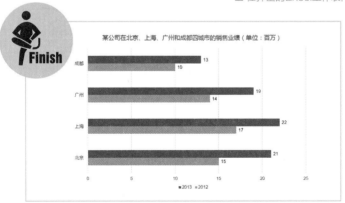

▲ 将表格改为条形图，销售业绩谁多谁少一目了然

Section 02

完整的图表长这样

在具体介绍各类型图表之前，我们先来看看完整的图表长什么样。除了主体图形和刻度之外，我们需要为图表添加图表标题、单位、图例、脚注、数据来源等元素。

PPT可以展示的完整图表由以下几种元素构成。

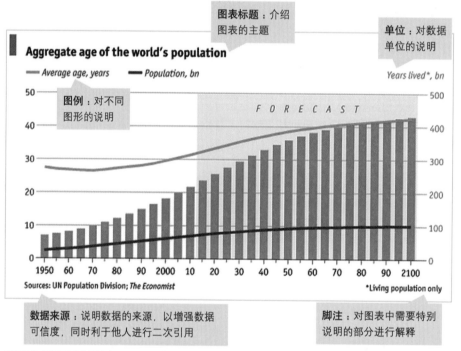

图表标题：介绍图表的主题

单位：对数据单位的说明

图例：对不同图形的说明

数据来源：说明数据的来源，以增强数据可信度，同时利于他人进行二次引用

脚注：对图表中需要特别说明的部分进行解释

例子选自"经济学人"网站（http://www.economist.com/）

当然，这只是最理想的情况。在实际工作中，在不影响他人阅读与使用的前提下，我们可以省略一些内容。比如若没有需要特别说明的事项，脚注就可以省略。

Tips

如何为PPT中插入的图表添加各个元素？只需单击图表，再单击"图表工具-设计"选项卡"图表布局"选项组中的"添加图表元素"按钮即可。

数据的关系决定图表类型

Section 03

在使用图表的时候，最重要的一环就是选择一个恰当的表现形式。图表包括柱形图、饼图等一系列形式，每一种图表适宜表现的内容都不尽相同。

在这一部分，我们仔细讨论一下不同数据类型应该用何种图表表达。

01 单一数据的表达

单一数据最好的呈现方法就是把数字放大，缩小解释文字。这样信息传递直观，且容易给观众留下深刻印象。

31.7 %

在 2013 年上半年，受感染移动设备中，中国感染手机所占比例为31.7%，俄罗斯为17.2%。据统计，上半年受感染移动设备的数量约为2100万，发现了 5 万多种新的恶意软件。

数据来源
http://science.cankaoxiaoxi.com/2013/0731/247751.shtml

AGREEMENT WITH STATEMENTS ABOUT ADVERTISING

33%
Agree that ads on social networking sites are more annoying than other online ads

26%
Are more likely to pay attention to an ad that has been posted by one of their social network acquaintances

26%
Are okay with ads that are ID'd based on their profile information

17%
Feel more connected to brands seen on social networking websites

▲ 两个案例都把最需要突出的数字放大，对于解释文字则缩小，并灰度处理。这样观众一眼看过去，马上就注意到数字，结合演说者的陈述，自然留下深刻印象

02 百分比的表达

在百分比的表达上，饼图是最最适宜的一类图表：它让各项内容所占比例分别以扇形来表示，其总和通常为100。我们可以根据"饼"的大小来比较各个项目的相对大小。

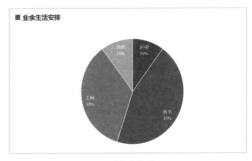

▲ 饼图举例

03 两者对比关系

1. 条形图

条形图是用一系列高度不等的纵向条纹或线段表示数据分布情况的一类图表。它特别适合表示绝对值的对比：将各项内容的数量通过色柱长短来表现，观众便能清晰对比各类别的绝对值大小。

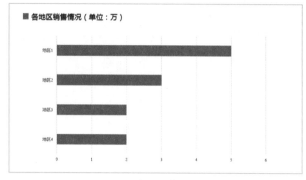

▲ 条形图举例

2. 累积条形图

累积条形图是条形图的一种特殊形式，从中我们可以看到组成每一条色柱的内容明细，即可以比较更细的内容。

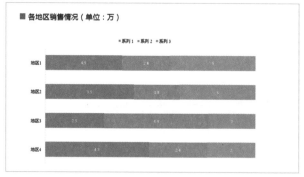

▲ 累积条形图举例

148

04 数据动向或趋势

1. XY散点图

XY散点图表示的是纵坐标对应的数值随着横坐标对应的数值变化而变化的情况。在统计学上，我们可以对此关系进行拟合，从而得到确切的函数关系。

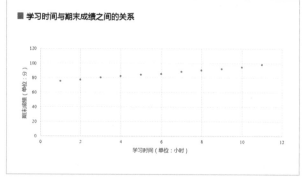

▲ XY散点图举例

2. 簇状柱形图 – 次坐标轴上的折线图

如果要在同一张表上表示不同时间点上两个变量之间的关系，我们可以使用该图表：分别用柱形图和折线图表示两个变量，利用主次坐标标注。（该图表在"插入图表"对话框的"组合"选项面板中）

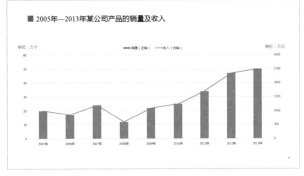

▲ 簇状柱形图–次坐标轴上的折线图举例

3. 气泡图

气泡图与XY散点图类似，但它可以对成组的三个数值而非两个数值进行比较，第三个数值的大小就是气泡的大小。在讨论用户对各项目重要性与满意度关系时，同时考虑改进难易程度，此时用气泡的大小表示难易程度，更便于作出决策。

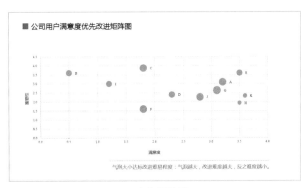

▲ 气泡图举例

05 数据随时间的变化而变化

1. 柱形图

在PowerPoint中，柱形图就相当于把条形图逆时针转动90°而成。相比于条形图，柱形图更便于观察数据随时间的变化：横坐标表示时间，纵坐标表示数量或程度关系。

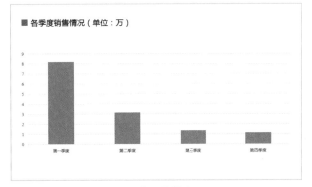

▲ 柱形图举例

2. 折线图

折线图是将某一个时间点上的数值用点来表示，并将多个点之间用线段连接而成的图表。这种图表非常适合于表现数据随时间发生变化的趋势。

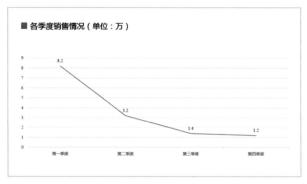

▲ 折线图举例

3. 面积图

面积图可以理解为几份折线图累加重叠起来所构成的图表。在这个图表中，我们能够了解到各项内容的增减情况，所以它非常适合于表现集团企业整体与各企业各自的销售变化。

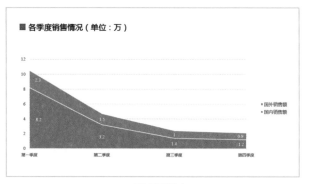

▲ 面积图举例

06 数据的平衡情况

数据的平衡情况一般用雷达图表示。按照以圆的中心开始以放射状发散开的轴线来分散安排某项内容的数值，根据这种形状可以表现各项目的平衡情况。一般来说，图表形状越接近圆形，各内容之间的差别越小。

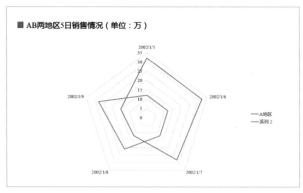

▲ 雷达图举例

Section 04 图表美容秘笈

选好图表类型并非万事大吉，粗糙的图表与粗糙的图文排版一样让人反感。接下来我们为图表美美容，让它由"厨房"走向"厅堂"。

01 简化术

1. 简化配色

在第4章我们学习了配色方法。在图表配色上，我们重点推荐3种方法：其一为同类色对比，其二为无彩色与有彩色对比，其三为对比色对比。

❶ **同类色对比**：适用于突出整体趋势而非某个确切的数据，方法是利用颜色的逐渐加深（变浅）来表示递增（递减）趋势。

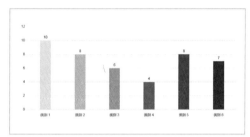

▲ 同类色对比

❷ **无彩色与有彩色对比**：适用于突出某一个或某几个数据，方法是让需要突出的数据使用某个彩色，其他的数据则保持灰色。

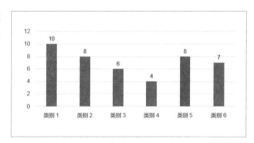

▲ 无彩色与有彩色对比

❸ **对比色对比**：跟无彩色与有彩色对比一样，也是用于突出某一个或几个数据，只是这个配色对比更强烈。方法是让需要突出的数据的颜色与其他数据的颜色成为对比色，比如红色和蓝色。

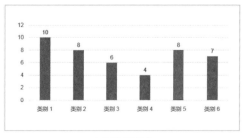

▲ 对比色对比

2. 简化元素

　　有些朋友喜欢给图表添加3D效果，加阴影，加背景，结果观众注意力被无关元素带走，需要突出的部分反而得不到凸显。面对这种情况，要大刀阔斧地将多余元素砍掉，留下最重要的部分。

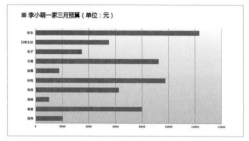

▲ 原图表。背景颜色与条形图颜色相近，影响条形图的表现；如果要反映具体的数值，则没必要添加横坐标

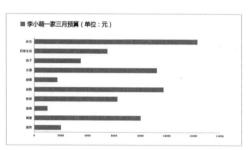

▲ 删掉没必要的背景

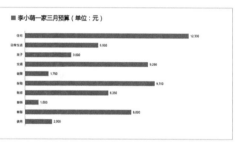

▲ 删掉横坐标，换为更明确的数据标签

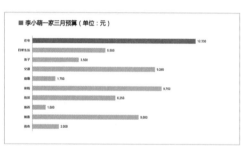

▲ 配色换为"无彩色与有彩色对比"，突出最重要的部分

3. 简化刻度

❶ **改变单位：** 有时数值过大，会妨碍阅读（或观看），此时可给刻度值"减负"，改变单位。

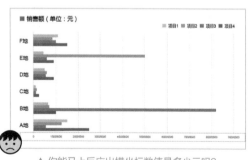

▲ 你能马上反应出横坐标数值是多少元吗？

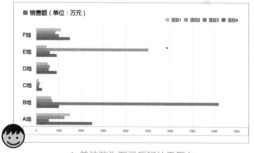

▲ 单位改为万元后辨认无压力

Tips

如果你对某个精简后的图表十分满意，不妨将其存为模板，下次使用时将其直接调出，省时省力。方法是选中图表，右击，在弹出的快捷菜单中选择"另存为模板"选项。

❷ **改变坐标起点：** 有时因为坐标起点为0的原因会空出很多刻度，导致数值之间对比不明显。此时可以对坐标起点进行适当调节。

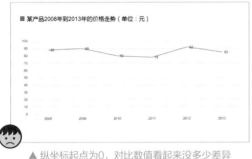

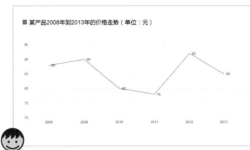

▲ 纵坐标起点为0，对比数值看起来没多少差异　　　　　▲ 纵坐标起点为70，对比明显

02 添加术

1. 添加辅助线

　　有时我们想要突出大于某个数值的项目，一个方法是通过改变这些项目的颜色进行凸显，另一个方法就是通过添加辅助线实现。

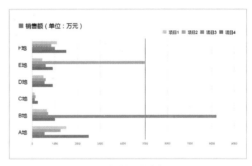

▲ 添加辅助线举例

2. 添加辅助图表

　　一般来说，饼图的成分不宜太多，多了之后很难辨认各区域的成分。此时可以考虑使用复合饼图，让比例小的部分合并为"其他"，再在单独的图表中显示出来。

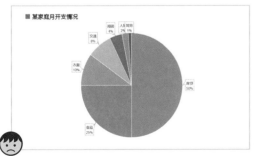

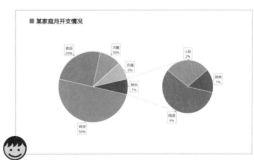

▲ 比例过小的部分完全看不清　　　　　▲ 添加辅助饼图后各部分得到清晰表示

3. 添加背景图片

在一些场合（比如大型演讲），若在图表下配上适宜的图片，效果会十分震撼，更能让观众留下深刻印象。

▲ 恰当的背景图能增强图表的表现力。但这种方式请谨慎使用，否则很容易让页面凌乱不堪

选自http://www.notforsalecampaign.org

03 易容术

1. 改变数据标签的位置

在使用图表时，为了美观，会利用图例与各项目进行一一对应。但这有一个极大的劣势，那就是当项目太多时，对应会出现困难。此时，最好的解决方法就是在图表内部标注清楚项目名称。

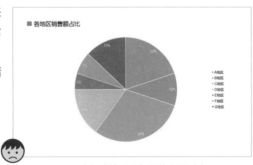

▲ 观众很难将项目与具体扇形对应

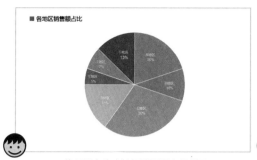

▲ 将项目名称直接标注于图上的例子1

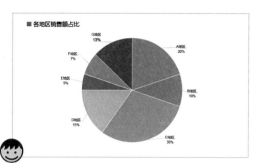

▲ 将项目名称直接标注于图上的例子2

2. 改变图表形状

有些时候我们厌倦了普通的图表，可以尝试一些比较新颖的方式对数据进行可视化。偶尔尝试，势必令人耳目一新。

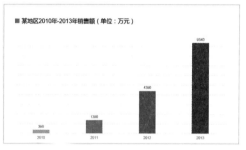

▲ 普通的柱状图

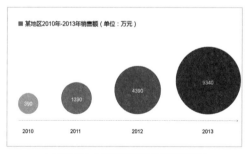

▲ 用圆形大小和颜色深度表示数量关系

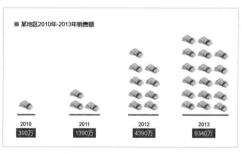

▲ 用具体图形表示数量关系

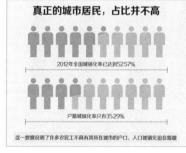

▲ 用平面小人指代"人口"，用颜色差异表示比例关系

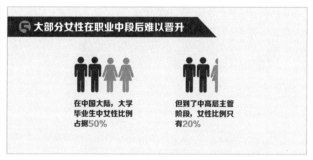

选自腾讯财经"图片报道"栏目

动动手
Try it

图表快速易容术

如果要你马上生成右图样式的图表，你会怎么操作？添加直线，画刻度，再加三角形，调整大小？太麻烦了，其实只用两步就可以搞定！

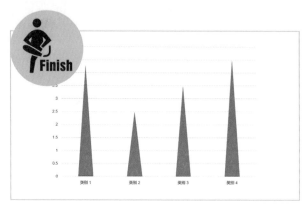

156

🖊 **Step 01** 插入柱形图，输入数据。

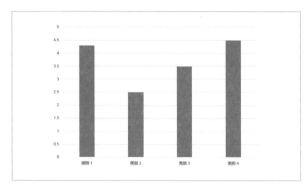

🖊 **Step 02** 插入一个三角形，然后在选中它的情况下按快捷键Ctrl+C复制，再在选中柱形图中的数据系列的情况下按快捷键Ctrl+V粘贴。大功告成！

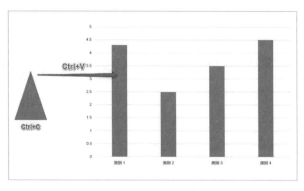

朋友们不妨试试其他图形，比如圆形、圆角矩形，看看有没有新奇的效果出现。

图表使用技巧

Section 05

到目前为止，图表已变得既美观又大方了。这里再提供3个小技巧，定会让你的图表制作事半功倍。

01 如何自定义表格线条数

在使用PowerPoint 2007及以上版本时，生成表格后会自动匹配表格样式。若要自定义表格的线条数，则需要先选择"表格工具-设计"选项卡中"表格样式"选项组中的第一个样式"无样式，无网格"，然后使用"绘图边框"选项组中的"绘制表格"功能进行绘制。

Step 01 插入图表，会自动套用一个默认格式。选择"表格样式"选项组中的第一个样式"无样式，无网格"。

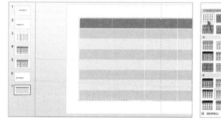

Step 02 单击"绘图边框"选项组中的"绘制表格"按钮进行绘制。

Step 03 绘制好后输入数据即可。

Finish

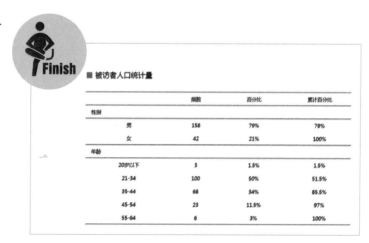

■ 被访问者人口统计量

	频数	百分比	累计百分比
性别			
男	158	79%	79%
女	42	21%	100%
年龄			
20岁以下	3	1.5%	1.5%
21-34	100	50%	51.5%
35-44	68	34%	85.5%
45-54	23	11.5%	97%
55-64	6	3%	100%

02 表格的美化

有时图表项目很多，我们想要让其层次清晰，可以通过给各部分安排对应颜色，依次区分；再添加空白的行，这样表格内容看起来没那么密集。

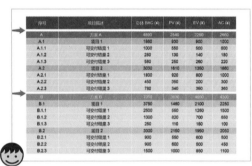

▲ 一大波数据来袭，看起来压力山大

▲ 用颜色区分层次

▲ 增加空白行让表格的阅读感受更轻松

03 将PPT与Excel链接

有时我们需要每月、每周甚至每天对Excel里的数据进行更新，同时需要每隔同样的时间段向领导汇报，此时难道要每天这样不断地在Excel里更新数据，再去PPT里修改图表？其实，我们可以将PPT与Excel进行链接，这样之后只要在Excel里进行了数据更新，PPT里对应的图表也会自动更新。方法很简单。

📝 **Step 01** 在Excel中复制制作好的图表。

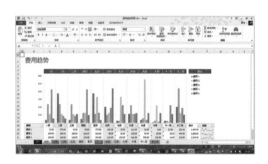

158

Step 02 在要插入图表的PPT页面上右击，在弹出的快键菜单中选择"粘贴选项"选项为"使用目标主题和链接数据"或"保留源格式和链接数据"即可。

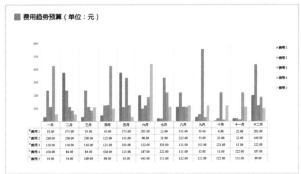

Step 03 打开"文件"菜单，在右侧的"信息"选项面板中选择右下角的"编辑指向文件的链接"选项，在弹出的"链接"对话框中单击"立即更新"按钮即可与Excel同步；若勾选"自动更新"复选框，则每次打开PPT时即可同步。

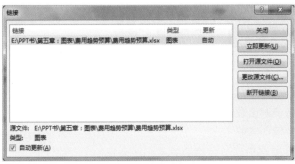

Tips

Excel源文件和PPT文件最好放在同一目录下，这样方便及时查看和核对。

启发图表设计的专业网站

信息图（infographic）是近两年十分流行的一种信息传递形式。我们可以从中进行借鉴，启发自己的图表设计。

网站名称	网 址	说 明
经济学人·Markets&Data	http://www.economist.com/markets-data/	图表干净、大气，商务范十足
腾讯财经·图片报告	http://finance.qq.com/tpbg.htm	将时事用数据和逻辑图呈现，参考性强
网易数读	http://data.163.com/special/datablog/	完全用数据说话，图表类型比"经济学人"多
网易财经·成本控	http://money.163.com/keywords/6/1/6210672c63a7/1.html	分析各类商品的价格组成，是学习饼图和类饼图的好去处
可视化新闻	http://newslab.info/	提供最新的数据可视化新闻，并有相关软件的下载和书籍介绍
ExcelPro	http://excelpro.blog.sohu.com/	《Excel图表之道》作者刘万祥的博客。作者对商务图表的设计很有研究，虽然介绍多专注于Excel操作，但仍然可以利用到PPT中
infogr.am	https://infogr.am/	一个在线制作信息图表的网站，上手容易，效果非常不错

课后作业

　　右边是某公司6月2日~6月5日存款情况表。

❶ 请对该表格进行美化，使每个部分层次清晰。

❷ 请将日期与金额的关系用图表呈现，并突出金额最大的部分。

　　本课后作业的效果示例在**随书光盘\案例文件\Ch5**中。

存款编号	日 期	金 额	说 明	已对帐
1	2013/6/2	¥25,000	工作1，支票1	是
2	2013/6/3	¥12,000	工作2，支票1	是
3	2013/6/4	¥15,000	工作1，支票2	是
4	2013/6/5	¥12,000	工作2，支票2	是
汇总	2013/6/2	¥54,000		

一些特殊图表的画法

本章介绍了PPT里提供的一些普通图表，借助于它们，我们基本能完成平时的数据呈现。除此之外，还有一些特殊的图表，它们或者能让数据呈现更直观，或者能表示一些普通图表不能表示的数据。这里就为大家介绍几个常用的特殊图表。

图表一　双向条形图

在表示两个数据的对比关系时，我们可以考虑双向条形图。该图表有一个霸气的别名——旋风图，它的形状看起来是不是很像舞动的旋风？

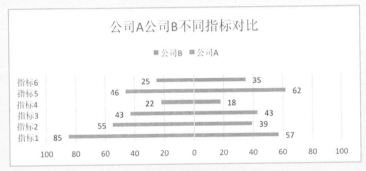

▲ 旋风图举例

图表二　瀑布图

图如其名，瀑布图是指通过巧妙的设置，使图表中数据点的排列形状看似瀑布。这种效果的图表能够在反映数据多少的同时，直观反映出数据的结构组成或增减变化。

▲ 瀑布图举例

图表三　漏斗图

漏斗图形同漏斗，可以用来分析整个过程中的数量变化，形象生动。

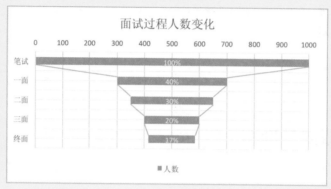

▲ 漏斗图举例

图表四　竖形折线图

竖形折线图又名蛇形图，多用于语义差异量表的分析，从中可清晰看出不同选项消费者的态度。

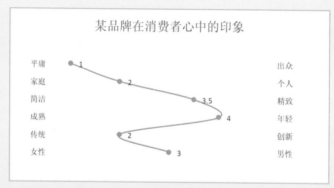

▲ 竖形折线图举例

这些图表的源文件都在**随书光盘\案例文件\Ch5\一些特殊图表.xlsx**中，你只用改动相应的数据即可轻松得到想要的图表效果！

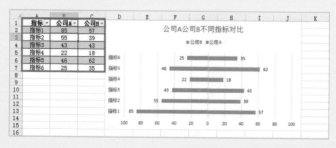

Chapter 06

形状，PPT 的点睛之笔

扫一扫，更
多惊喜哦

扫描二维码，关注笔者微信

课前预热
Warming Up↑

这是用PPT画的吗？

形状最大的特点在于"可塑性"，就如同积木，只要有想法，我们能用简单的形状元素"画"出十分复杂的图案。

请看下面3张图片，你能想象它们是用PPT画的吗？

选自《形状顶点的进阶心法》（新浪微博@只为设计的微波）

若是笔者告诉你，它们就是用PPT提供的看起来普普通通的形状绘制完成的，你是不是会觉得更加难以置信？

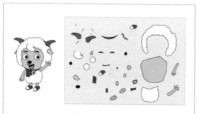

▲ 将漫画里的图像分解开来，就是我们熟悉的形状，或是它经过变形后的样子

▲ 在"插入"选项卡中单击"形状"按钮，即可插入需要的形状

"形状"是个大金库，却经常被我们低估成小煤矿，只被用来简单装饰PPT。其实，它的作用可以很大，甚至可以作为PPT的主体，贯穿整个PPT的设计。

▲ 该PPT是某网盘的介绍幻灯片，整个PPT除了文字，其他部分都是用形状绘制而成，其效果不比图片配文字弱

选自《我知道》（新浪微博@小田较瘦）

这一章，我们就来好好地聊一下"形状"这个简单又神奇的工具。

形状可以这样用

我们首先来讨论在不改变形状本来模样的情况下，如何发挥其作用，这包括5个应用场合：突出重点、简单装饰、区域分隔、内容标注和创意组合。

01 突出重点

形状是突出内容的利器，其原理在于大片的形状能迅速吸引观者的视觉关注，从而让人注意到其里面或周边的内容。

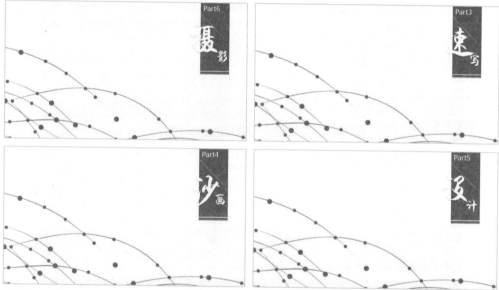

▲ 这是一个个人作品集的导航页，圆点和曲线在下方勾勒出的区域向右上方蔓延，引向被橙色色块反衬的标题
选自《个人作品集》（新浪微博@乌夜啼）

▲ 这是一个数据展示幻灯片，由于背景比较复杂，所以将数据放在形状里呈现，使其看起来更加清晰

02 简单装饰

形状的另一大用途是用来装饰页面。通过不同色彩、不同类型的形状装饰，PPT可以呈现出不同的面貌。

▲ 这是《见与不见》的幻灯片，用曲线来装饰，与诗歌背后犹豫的心情相衬

▲ 该页面十分简单，但因为有了简单的圆形色块修饰，页面简洁美观。若没有形状装饰，就会显得十分简陋
选自《产品页面设计》（新浪微博@设计师lcjeremy）

▲ 用圆形色块进行修饰，与"语录"相呼应（不是有个成语叫"妙语连珠"吗？）
选自陈华的《乔布斯经典语录》（锐普PPT论坛：ch630710）

03 区域分隔

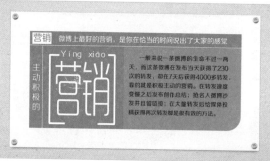

当一页PPT内包含多层逻辑关系时，便需要将其划分为多个区域，每个区域承担相应的作用。形状是完成这个工作的不二之选。

◀ 该PPT先用矩形在背景上开辟一块区域，然后用线条对区域进一步划分，将最重要的关键词（角度、营销）放大显示，其余文字分布在对应区域，整个页面整齐划一

选自《雾都的前世今生》（新浪微博@鱼头PPTer）

◀ 该PPT旨在突出图片内容，文字做辅助解释，故用橙色线条将两者分隔开来

04 内容标注

制作PPT时，难免需要对某张图片的某个内容进行标注。形状是完成这项工作最简单的选择（也可以用文本框标注）。

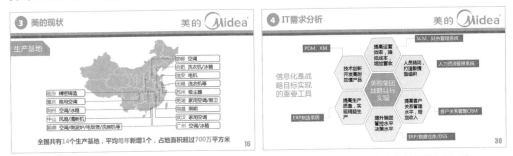

▲ 两页PPT分别对地图和逻辑图表进行标注，分别使用了空心矩形和实心矩形，矩形颜色与整体配色相一致
选自《美的集团信息规划PPT》（新浪微博@郑小事）

05 创意组合

除去前面4种功用，形状也是充分体现PPT制作者创意的工具。将形状组合出特定的图形，能够令PPT更富个性，让人眼前一亮。

▲ 左页PPT利用不同颜色的矩形组成3×3的矩形集合，同时调节左上方矩形的偏移角度，整体页面显得活泼不呆板。右页PPT将三角形、矩形和线条进行组合，构建从左向右的一种趋势，引导观众注意主体文字。

如果仔细观察，你会发现右图的形状有个特点，那就是白色部分是半透明的。这就牵涉到形状使用的高级秘诀。

Tips

在绘制图形时，如果要多次使用某个特定颜色的形状，可以选中该形状后右击，在弹出的快捷菜单中选择"设置为默认形状"选项。这样下次绘制的图形也是如此模样。

更高级的形状使用秘诀

前面讨论的形状都是"原生态"，作用虽大，但还远远不够。接下来我们为形状加点"人工"的东西，让它帮助PPT更有Power。

01 形状蒙版：距离产生美

想要突出文字，又不想过多舍弃背景图片信息，这时该怎么办？

我们可改变形状的透明度，让它作为蒙版夹在图片与文字之间，间接增加图片与文字的距离。创建这样夹层的方法有两类：其一是直接改变形状的透明度，其二是在前者基础上增加渐变效果。

1. 直接改变透明度

双击已经插入的形状，在"绘图工具–格式"选项卡中单击"形状填充"按钮，在下拉列表中选择"其他填充颜色"选项，在弹出的"颜色"对话框中调整"透明度"即可。

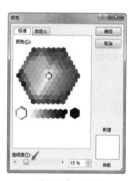

▲"颜色"对话框

当图片颜色结构十分复杂时，建议添加一个半透明的矩形做蒙版，以提升文字的辨识度。其效果类似于"重新着色"里的"冲蚀"。

▲ 该页幻灯片的背景图颜色浓艳，且没有空白区域留给文字，故选择添加半透明白色蒙版，令文字能清晰展示。另外从内容上看，"致青春"反映的是青春一去不返，添加蒙版正好体现出记忆模糊的感觉

若不想失去太多图片的细节，可以考虑为形状的局部使用蒙版。

▲ 左页PPT是反战幻灯片，为了强调战争的惨痛后果，最好的方式就是尽可能多地展示真实景象，故将文字安排在局部蒙版之上。而蒙版颜色使用了图片中出现最多的绿色，令添加的文字内容与背景图片相融合，且图片的细节基本得到保留。右页幻灯片旨在介绍关于猫头鹰的历史，右下角的圆形蒙版和文字起着标注作用

2. 使用渐变夹层过渡

双击插入的形状，在"绘图工具–格式"选项卡中单击"形状填充"按钮，在下拉列表中选择"渐变-其他渐变"选项，便可看到右边出现对应的选项面板。调节"渐变光圈"的"颜色"和"透明度"，即可实现渐变的夹层。

PowerPoint 2013为我们提供了4种渐变类型，分别为线性、射线、矩形和路径。它们分别代表4种渐变形状或方向。对其方向的调节又有两种形式："线性"既可以通过"方向"调节，也可以通过"角度"调节；其他3个则需要通过"方向"调节。

▲"渐变填充"选项面板

▲"线性"渐变的起终点既可以通过"方向"调节，也可以通过"角度"调节

▲"射线"、"矩形"和"路径"渐变的起终点只能通过"方向"调节

这里我们在起点设置白色，终点设置蓝色，分别观察不同角度或方向的渐变效果如何。

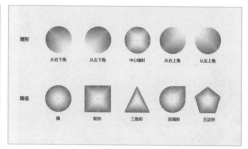

▲ 不同渐变类型的效果

可以看出，射线渐变（除了中心辐射外）可以看做线性渐变的特殊情况，即在特殊角度下的线性渐变。矩形渐变则在射线渐变的基础上变得更有棱角。路径渐变的渐变趋势与其形状类型相一致，比如圆的渐变趋势就呈现圆的模样。

如果想实现半透明渐变效果，只需调节"透明度"即可。

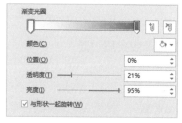

▲ 调节"透明度"可调节"渐变光圈"的透明程度

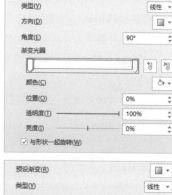

▲ 两种渐变及其对应参数

02 编辑顶点：形状大变样

　　对于已有形状，如果我们想对其形状在原有基础上进行微小改动，可以使用"编辑顶点"功能。该选项在"绘图工具-格式"选项卡中"编辑形状"按钮的下拉列表中，单击后，原有图形上会有黑色顶点出现，拖动它们便可进行形状改变。

▶ "编辑顶点"状态下的矩形

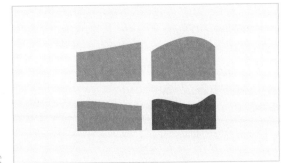

▶ 对顶点进行调节后的形状

　　编辑顶点后的图形在有些时候更能胜任前面所提及的基础功能。而且，细心的朋友可以利用这些形状进行形状勾勒。

▶ 放好简单的图形和简单的文字，一个 PPT封面就出来了（你看得出这是用本页顶部那个矩形画的吗？）

▶ 课前预热的案例中那些形状就是用"编辑顶点"功能画出来的

03 合并形状：1+1=无穷大！

在"绘图工具–格式"选项卡左下方，有一个从PowerPoint 2013才"登堂入室"的新按钮，其位置隐蔽，但能量巨大，甚至可以说，它赋予了PPT无限的可能。它就是"合并形状"。

▲ 合并形状

而在PowerPoint 2010中，则需将这几个命令调出来：打开"文件"菜单，选择"选项"命令，在弹出的"PowerPoint选项"对话框中"自定义功能区"选项面板中的"从下列位置选择命令"下拉列表中选择"不在功能区中的命令"选项，再在下方列表中选择"形状剪除"等命令，添加到右侧的列表中。

▲ 在PowerPoint 2010调出"合并形状"功能

合并形状包括5种类型：联合、组合、拆分、相交和剪除。

Tips
如果不知道用哪一个类型好，可以直接使用拆分，然后再挑需要的内容。

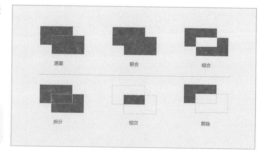

▲ 5类合并形状的效果

在合并形状时，选择类型的先后顺序会导致合并形状的结果有所不同：先选择的形状会自动成为"底"，后选择的则是用来在"底"上进行操作。

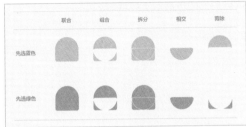

▲ 先选择的会自动成为底

合并形状功能可以为PPT的排版带来无穷新意。

▲ 该案例看起来就如同前方开了一扇窗户，窗户里是无限的美景。实现方法：圆形与矩形进行"组合"，然后设置阴影效果，再把图片放在其下方

▲ 该案例在不需要突出的部分上添加黑色半透明蒙版，重点部分自然凸显。实现方法同前一个案例，之后再设置形状的透明度

制作一个英文Logo

"合并形状"经常会与"编辑顶点"一起使用，以达到出其不意的效果。我们以个人英文Logo的制作进行说明。

▲ 效果图

🔧 **Step 01** 添加一个圆形形状，并添加文本框，编辑文字CJ（你也可以选择自己的拼音首字母或英文名）。

🔧 **Step 02** 添加一个矩形形状，置于文字之下（在矩形上右击，在弹出的快捷菜单中选择"置于底层-下移一层"命令），然后将其倾斜一定角度，并调整宽度，使左上角顶点与字母J的顶点相重合，左下角与J相切。

176

🔧 **Step 03** 编辑顶点，将J左上方的部分全部拉到J位置处，使阴影部分形状在J的背后。

🔧 **Step 04** 对字母C进行同样的处理。

Step 05 复制一个圆形，与现有圆形相重合，先选中它，然后按住Ctrl键并单击刚才制作的两个阴影，选择"合并形状"按钮的下拉列表中的"拆分"选项，将圆外部分剥离。 个人Logo制作完成！

04 形状效果：个个有惊喜

PPT的每个元素都可以添加阴影、映像等效果，这些效果能让元素的呈现更加丰满立体。相关技巧在第3章已介绍过，在这里，我们重点看看形状效果有哪些新的玩法。

▲"阴影"效果的特点是让画面增加光照效果，物体看起来更加立体。左页PPT看起来就像迎面有光照过来，文字整体更加挺拔；右页PPT在"现在"和"未来"之间添加了一个倾斜的矩形并添加阴影效果，看起来像有个空间串连起现在与未来

雪景

人像

图片　　　　　柔化边缘后的形状

▲ 这3个案例用"柔化边缘"功能也可实现阴影效果，而且效果更加柔和。只需插入一个形状，然后将"柔化边缘"的"大小"调整到25磅或更多，再置于图片下方，即可自定义阴影的位置和强度

▲"发光"效果会给形状外围带来一轮光晕，它适合与动画配合，产生梦幻般的效果。该幻灯片就让带发光效果的圆形不断淡出，最终烘托出主题文字

▲"映像"效果在视觉上给人一种元素置于水平面的感觉。该幻灯片元素很简单，只有图片、文字和矩形。为矩形添加"映像"效果后，页面整体感觉饱满充实

▲"三维旋转"特别适合表现各层次之间的关系。该幻灯片将半透明矩形进行三维旋转，制作出由内而外发散的效果，呼应"核心"到"表层"的主题。为了加强这种效果，制作者还对矩形的颜色进行了突出

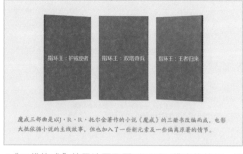

▲"三维格式"效果让平面图形呈现三维立体效果，该效果一般需要与"三维旋转"结合使用。该幻灯片通过将这两种效果结合使用，将矩形制造出书籍的感觉

05 有的时候，可以不用画

在下载的PPT模板里我们常能看到精致的形状，而且这些形状又是可编辑的，于是有些朋友理所当然地认为它们是原作者自己绘制的。其实不然！

大多数情况下，它们都是用网上的矢量图导入而成的。矢量图是用数学公式的方法记录线条、颜色和曲率等，当放大图片时，电脑只是重新计算一下数学公式再渲染图片，因此不会失真。

有这么多现成的素材，如何为我所用呢？步骤并不复杂。

Step 01 安装软件Illustrator并下载素材。推荐站酷（http://www.zcool.com.cn/）。进入该网站的"素材"栏目，将"类别"和"格式"选项分别设置为"矢量"和"AI"即可。

Step 02 双击下载的素材，进入Illustrator编辑界面。

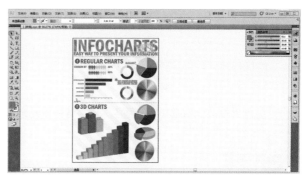

Step 03 执行"文件-导出"命令，在弹出的对话框中设置"保存类型"为"增强型图元文件（*.EMF）"，单击"保存"按钮。

Step 04 在PPT中插入该图。

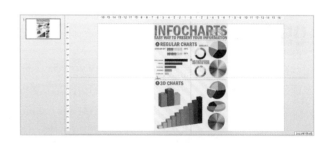

Step 05 不断取消组合：选中该图后右击，在弹出的快捷菜单中选择"取消组合"选项，重复多次。

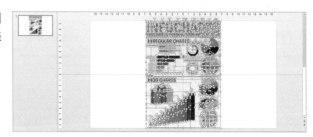

Step 06 留下需要的元素。

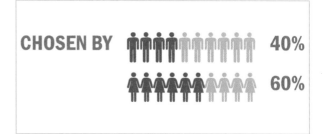

Step 07 若需改变相应元素的颜色，只需选中该元素，然后填充颜色即可。

以上步骤看起来有点繁琐，但操作熟练后，几分钟就可以一气呵成。所以朋友们不妨先去下载一些素材保存为emf，想用的时候直接插入PPT中。

180

Section 03

我们可以自定义逻辑图哦!

将冗长的文字简化为直观的图形即逻辑图时,我们可利用形状自定义,也可使用SmartArt,还可以借助相关的软件来实现这一目标。

01 利用形状自定义

在逻辑图的设计中,最重要的就是简洁清晰,内容为王。我们可以充分利用PPT提供的形状,以简单的图形表示复杂的逻辑关系。下面分别讲一讲不同类型逻辑图适用的形状。

1. 并列型

并列型逻辑图应用最为广泛,特别是在目录页和导航页中。一个简单的方法就是利用直线来做引导,干净利落。

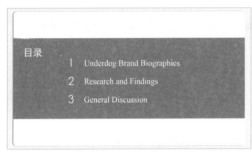

▲ 两个案例都是目录页,通过垂直直线和倾斜直线做引导,不夸张,与其使用场合(评比和学术论文展示)相一致

2. 递进型

递进型逻辑图可以表示时间上或逻辑上的先后顺序,此时可以使用箭头或带有标注的矩形来做图示,引导观众视线的方向。

▲ 左页PPT使用燕尾形箭头表示递进关系,为了让画面富于变化,添加了一个更淡的箭头做辅助。右页PPT将表示先后关系的文字放入矩形中做反衬处理,令观众一眼就能看到,很好地起到了引导作用

3. 对比型

对比型逻辑图旨在比较两个或多个时间段或类别的差异，这类逻辑图可以结合表格来制作。当表格表示力度不够时，我们可以用借助形状中的直线自己制作。

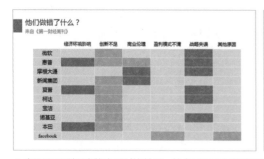 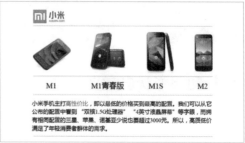

▲ 左页PPT利用表格表示对比关系，特点是用不同颜色标注，一目了然。右页PPT当表格不能充分表示时，制作者用直线自己绘制图表，这样图片也能轻松放入进行对比

4. 交叉型

交叉型逻辑图又称维恩图，反映各类别交集并集的关系，主要使用的形状是圆形。

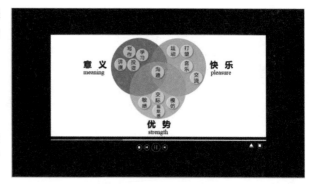

▶ 该页PPT使用不同颜色的圆形表示特定类别，并将透明度设置为70%，这样交叉部分也一目了然

5. 公式型

公式型逻辑图顾名思义，通过数学公式表现事物的逻辑关系。其中加减型关系用得最多，它是总分关系的变种，但更易突出某个具体的部分。制作时需运用多种形状或形状组合。

▶ 该页PPT将良好的应用消费习惯分为3个部分，用加法表示。好处有两个：一是在宽屏上的显示效果比普通上下表示的总分关系更清晰，二是利于添加动画，突出每个部分

6. 矩阵型

矩阵型逻辑图通过将某些类别按两种或多种指标分布在坐标系中，实现清晰的对比，在管理咨询中运用十分广泛。制作时最常使用的是矩形。

▶ 该页PPT不仅通过两个指标将对比元素进行分类，同时将处理成圆角矩形的图片放在对应的位置，表达效果更直观

7. 时间轴

时间轴逻辑图反映了事物在时间上的先后顺序。一般来说可以画一条带有箭头的直线，然后用圆形或其他形状在重要节点上进行标注。

▲ 左页PPT使用水平时间轴，将具体时间以不同长度展示，并用直线引出解释。右页PPT使用垂直时间轴，重要节点用圆形突出，解释放在旁边

8. 总分型

总分型逻辑图用于表示整体的组成。其制作方法灵活多样，表示各组成部分的形状既可像金字塔一样排列，也可以环绕式呈现。

 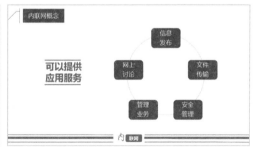

▲ 左页PPT使用了不同于传统总分关系表示形式的方式，用Windows 8的Metro风格表示，最左边的矩形表示总内容，右边的4个矩形表示分内容。右页PPT使用了环绕式呈现方式，排列成圆形的5个圆角矩形表示分内容，总内容单独在左边陈列

9. 支撑型

　　支撑型逻辑图既可以表现递进关系，也可以表现总分关系。其形状类似于建筑物，底部为支撑，顶层为最重要或总结性内容。

▲ 左页PPT说明从小学阶段到研究生阶段的递进关系，用一个颜色由浅变深的渐变三角形表示，充分表现了知识不断累积的过程。右页PPT说明影响口碑意愿的3种因素，用一个类似于房子的形状组合表现，体现了支撑与总分的关系

02 使用SmartArt图形制作

　　在第2章和第3章中我们都提到过SmartArt，那它到底是什么？简单来说，它就是PowerPoint提供的一系列逻辑图的表现形式。它上手容易，只需在PPT中插入，输入文字，即可制作出比较精美的逻辑图。

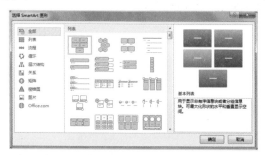

▲ 单击"插入"选项卡中的"SmartArt"按钮即可选择一系列逻辑图

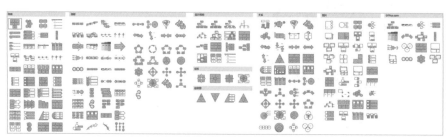

▲ PowerPoint 2013中SmartArt逻辑图总览

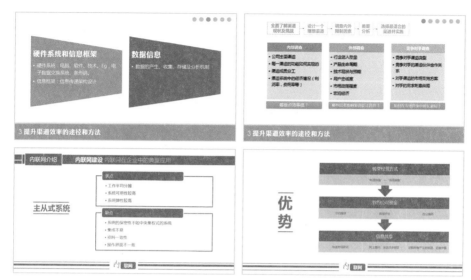

▲ 用SmartArt生成的逻辑图

但是，由于是自动生成，用SmartArt制作的逻辑图中，很多形状都受制于模板本身，达不到理想效果。我们是否可以在它的基础上自定义形状呢？答案当然是"Yes"！以下面的漏斗图为例。我们先在其区域内右击，在弹出的快捷菜单中选择"组合–取消组合"选项，重复几次，直到每个元素都被分离。

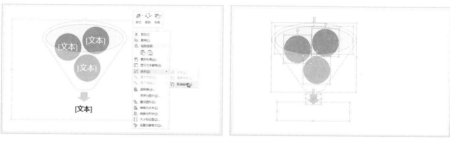

▲ 对SmartArt图形取消组合

接下来，我们就可以对这些形状进行自定义了。更多的内容，就靠你的想象力了！

▲ 左页PPT：自定义形状数量和大小；右页PPT：这漏斗是不是很像扩音器？

03 借助Visio软件制作

总体来说，PPT对逻辑图的支持比较有限。对于更加大型的逻辑图而言，借助其他软件实现后直接将图片置入PPT是更加实际的方法。这里笔者推荐同为微软公司出品的Visio软件制作逻辑图。Visio是一款专业的逻辑图制作工具，它可以将流程图、软件界面、网络图、工作流图表、数据库模型和软件图表等直观地记录、设计和表现出来，帮助我们充分了解业务流程和系统的状态。

▲ Visio的界面和操作与Office系列软件一脉相承

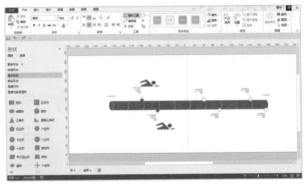

▲ 从Visio左侧列表中挑选需要的形状放到中间的白板上，画出需要的逻辑图

Test 课后作业

你能用PPT的形状画出安卓的图标吗?

参考画法在**随书光盘\案例文件\Ch6**中。

Tips 除此之外,我们还可以基于一些图片的本来模样进行绘制。

▲ 用一张合适的图片形象勾勒出发展趋势,比简单的文字陈述更能打动人心

如何找到这样的图片呢?推荐在Google图片搜索里用英文搜索所要表达的主题,比如表示进程的"3 Steps"。得到的图片可以为我们绘制逻辑图提供参考。

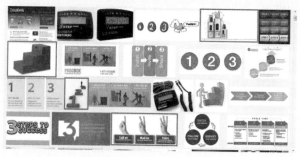

扁平化在PPT中的实现须知

扁平化是一种放弃其他装饰效果（如阴影、透视、纹理和渐变）的二维平面化表现形式。伴随着Windows 8的Metro风格的盛行以及IOS7扁平化的尝试，这种新的设计风格越来越为大众所熟知和喜爱。

扁平化可以为PPT设计者带来以下两个好处。

❶ **PPT文件体积减小**。以微软官方出品的《WINDOWS AZURE》幻灯片为例，67页的幻灯片才1.76MB——这甚至比不上一张手机拍的照片文件体积大。

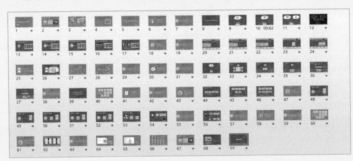

▲ 67页的PPT才1.76MB！

❷ **基本操作简单**。PPT的主体是大色块和大字，一切以内容为主，其他元素保持清新自然即可。

那么，如何更好地将这种设计理念运用到PPT上呢？所有PPT都适用这一理念吗？请看以下须知。

须知一　遵循原则

1. 去除特效

扁平化设计不要渐变，不要高光，也不要阴影！只要形状最初的模样。

▲ 扁平化PPT抛弃其他效果，只要形状最初的模样

2. 简化元素

扁平化设计追求简洁，通过使用简单的形状（如矩形、圆形或正方形）组合来表达实物。

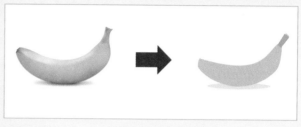

▲ 用简单的形状表达实物

3. 专注排版

因为扁平化设计所用素材有限，所以如果排版跟不上，那就不是简洁，而是简陋了。

▲ 左页PPT：文字的大小和摆放十分随意，看起来十分粗糙简陋。右页PPT：文字方面，引导文字竖排安放，标题与内容的字号大小拉开差距；图片放在右下方，与文字保持一定距离。最后用一个半透明三角形连接两方。元素没多多少，但页面效果马上由简陋变成了简洁

4. 注意配色

扁平化设计中往往会使用很多更亮、更鲜艳的颜色进行搭配。

▲ 扁平化PPT一大特点：更亮、更鲜艳的配色

选自《管理的实践》（新浪微博@Simon_阿文）

须知二　设计技巧

1. 使用简单元素

色块，色块，还是色块！

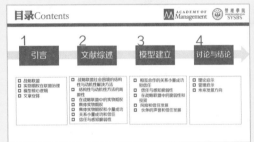

▲ 这两个幻灯片都使用了扁平化设计风格，无论是做引导还是做突出，因大量使用矩形色块，页面看起来十分清爽
选自《团队学习1&2》（新浪微博@郑小事）

2. 使用纤细的无衬线字体

英文推荐Segoe UI Light，中文推荐华文细黑。

▲ 两个幻灯片都使用了纤细的无衬线字体，在大色块的衬托下十分优雅
左页PPT选自《WINDOWS AZURE》（微软制作），右页PPT选自《Instagram Design Concept》（Instagram公司制作）

3. 大胆配色

注意配色一定不能过浅，那样投影出来很难辨认。

▲ 该幻灯片使用了大面积的绿色和深红色，色彩鲜艳，也能保证辨识度

须知三　提升技巧

1. 扁平化的阴影效果

在原始形状下添加灰色色块。方法类似于本章中讲解过的利用"柔滑边缘"制作阴影效果。

▲ 通过不同形状灰色色块的摆放制作出扁平化的阴影效果
选自《扁平化设计中实现立体效果》（新浪微博@simon_阿文）

2. 折叠产生空间感

利用两个（多个）色块的明度差异制造出空间感。

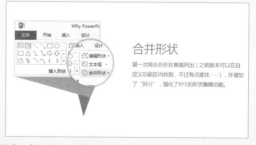

▲ 通过色块明度差异制造空间感，扁平化也可"不扁平"

须知四　注意事项

1. 考虑适用场合

扁平化PPT能应付大多数场合，只是要根据场合对主色进行调整。

❶学术报告等严肃场合：冷色系（蓝绿紫）。

❷欢快活泼的场合：暖色系（红橙黄）。

2. 考虑传递的信息量

PPT的信息量过大且需要插入图片时，扁平化设计面临挑战。此时可以进行适当的取舍。

▲ 若表达内容多，还是应该使用传统（右侧）的表现方法

选自《Windows 8 基础功能 》（新浪微博@Logicdesign官方）

07 Chapter

动画多媒体，让PPT炫起来

扫一扫，更多惊喜哦

扫描二维码，关注笔者微信

**不要使用
动画多媒体？**

"不要使用动画！不要加音乐！视频也不要放！"这是笔者刚开始做PPT时一个前辈的告诫。

这位前辈的观点是：这些都是坑，当你陷进去研究它们以后，便很难将注意力集中到重点内容上。换句话说，就是本末倒置。但是，制作了大量PPT后，笔者渐渐发现关注动画、音乐甚至是视频的使用与内容呈现并不矛盾。部分人对它们的偏见源自对其使用不当。动画多媒体若恰当使用，可以为PPT锦上添花。那么，它们能添哪些"花"呢？

01 动画

动画之于PPT的作用在于：增强展示的条理性，让页面看起来更加简洁和保持听众持续的兴奋感。

1. 增强展示的条理性

当PPT页面元素很多时，我们可以用"出现"动画让它们按一定的时间顺序显示，用"强调"动画突出某个元素。在动画的指引下，观众能更清晰地把握演说者的观点推导过程。

◄该幻灯片介绍的是京东的发展历程，各个事件有着天然的时间顺序，如果一起突然出现很容易导致观众"消化不良"

◄对每个时间点和对应文字设置淡出动画，让各个事件描述逐个出现，配合讲解，观众能一步步了解京东的发展历程

2. 让页面看起来更简洁

突然面对一页充满图表和文字的PPT时，想必大多数朋友都会产生抗拒心理。此时若让各项内容化整为零，逐个出现，配合着一步步的讲解，肯定会大大减轻听众的不适感。

▲ 这一页PPT整体内容量巨大，直接展示很容易给观众一个"下马威"

▲ 为文字设置动画"淡出–按段落"，并加上上段文字在下段文字出现后变暗的效果，整体清晰许多

3. 保持听众持续兴奋

一场演说超过了20分钟，观众的注意力便难以保持集中。适当的动画效果可以将观众从思维发散的状态中拉回来。

▲ 这两页PPT通过干净利落的浮入动画和相联的转场动画，让观众时刻保持注意力集中

02 音乐

不得不承认，音乐的使用场合确实有限，比如学术报告和商务会议就不太适宜嵌入播放。但也有一些场合，比如年会、评比或某些课堂展示，添加合适的音乐，可以让展示更富有感染力。

▲ 这是一个介绍吸血鬼的PPT，配上恐怖的音效，很好地将观众带入到阴森的氛围之中

▲ 这是一个转制为视频的PPT，若没有背景音乐，观看过程会十分枯燥，故为其添加了一首合适的轻音乐

03 视频

诚然，视频的表现力要比单独的文字和图片强太多，所以电视比杂志、书籍更容易获得普通观众的青睐。当有些内容已有视频介绍，且更详细更具体，那么真没必要自己再做重复工作，直接将其插入PPT就好。另一方面，在演示文稿中插入视频是一个不错的调节演说节奏的方式：开场部分渲染气氛，中间部分调节节奏，结尾部分升华感情。

▲ 左图：魅族MX3的发布会以视频开场，调动观众热情。右图：《2010年老罗全国巡演完结篇》的演讲中途插播视频，引来全场开怀大笑，形成一个小高潮

从以上的讨论可以看出，动画多媒体把握好了就能为PPT锦上添花。当然，把握不好就真的会节外生枝。那么究竟该如何把握？下面我们就来聊一聊动画多媒体的把握问题。

Tips
如果一个PPT中的动画过多、过复杂，播放时难免会发生卡顿。为了让其更流畅地展示，不妨将动画多的部分转制为视频（操作方法见本书211页），再嵌入到PPT中。

动画的秘密

Section 01

PowerPoint 2013提供了超过160种动画类型，我们可以对它们进行任意组合，设置不同的出场方式，创造出千变万化的动画效果。

01 应有尽有的动画类型

在"动画"选项卡中，PowerPoint 2013提供了包括进入、强调、退出和动作路径4种类型超过160种动画效果，可谓应有尽有。这些动画基本可以满足我们所有天马行空的想法，只怕想不到，不怕做不到。

▲"动画"选项卡中默认显示的是经常使用的效果，全部效果
通过分别选择下拉列表中的几个"更多…"选项可以看到

▲ 全部动画效果，从左到右依次为：进入、强调、退出和动作路径

这么多动画，哪些用起来效果更好呢？根据以往的经验，笔者在这里重点推荐以下几个。

类　别	动画名称	动画解释	使用建议
进入类	出现	让对象突然出现	既想对象出现有先后，又不想拖泥带水时可以考虑
	淡出	让对象慢慢地出现	觉得"出现"太突兀时可以考虑使用
	浮入	让对象由下往上慢慢出现	多个对象一起使用时比较震撼
	擦除	让对象像用粉笔在黑板上画出来一样	适合在矩形或条形图、柱形图上使用
	缩放	让对象既可以由大到小出现，又可以由小到大出现	如果想要突出某个关键词的话，推荐选择"效果选项"下拉列表中的"从屏幕底部缩小"选项
	飞入	让对象像飞行器一样快速飞过	在一定程度上可以代替"动作路径"中的垂直直线动画
强调类	脉冲	让对象先放大再缩小	与"淡出"配对使用效果不错
	陀螺旋	让对象绕中心进行旋转	对象为圆形时，与路径动画搭配使用可以模拟轮子移动的感觉
	透明	让对象呈现半透明状态	突出重要的内容，让次要的内容透明
退出类	与进入类效果一致，只是名称有所变化：出现 - 消失，淡入 - 淡出，浮入 - 浮出，飞入 - 飞出，擦除和基本缩放的名称不变		

动作路径类需要单独提出来说，因为它代表了一个大类的动画。通过它，我们可以让各元素以任意方式进行移动。"动作路径"中有以下几个效果选项值得注意。

❶ **锁定与解除锁定**：锁定后路径即固定在页面上，即使拖动对象，路径的位置也不会发生改变。

❷ **编辑顶点**：可改变路径动画的轨迹，类似于形状的"编辑顶点"功能。

这里不得不提一下：在PowerPoint 2013中，路径动画增加了预览功能，即可以看到对象移动到的目的地，这极大地方便了我们对动作路径的把握。

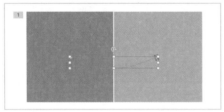

▲ 左图为添加动画的对象，右图为路径终点预览

▲ 路径动画的效果选项

Tips

！ 有两个动画常被滥用，分别是"颜色打字机"和"弹跳"。"颜色打字机"会让文字一个个出现，文字量不大时还好，量一大就容易让观众崩溃。"弹跳"会让对象突然从高处掉下并反弹几次，这很容易吓观众一跳。慎用！

为了方便大家了解PPT中各动画的效果，随书光盘\案例文件\Ch7中提供了《Power-Point 2013动画一览》PPT，大家可以在里面看到每个动画的效果。下次没有灵感的时候，不妨打开看看。

选自PPT《PowerPoint 2013动画一览》

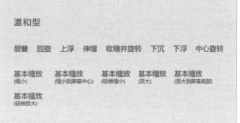

02 认识动画家族的基本成员

▲ "动画"选项卡全貌

知道有哪些动画后，接下来我们就需要了解如何对它们进行自定义调节，这就涉及到Power-Point 2013的以下功能。

❶ **效果选项**：大多数动画效果都会涉及到方向或形状的自定义，这需在"效果选项"按钮的下拉列表中设置。

❷ **动画窗格**：动画窗格是一个独立的操作界面，基本上所有的动画操作都可在这里完成，可以说是动画里最重要的一个功能。

❸ **触发**：触发是指通过怎样的方式让动画出现。PPT默认的触发动画出现的操作是单击（按空格键或向下方向键也可以），但有时为了实现更好的交互效果，我们需要自定义动画出现的操作，此时就会用到触发器。

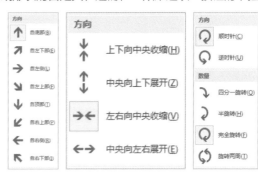

▲ 从左到右："飞入"的效果选项，"劈裂"的效果选项，"陀螺旋"的效果选项

❹ **动画刷**：类似于格式刷，可以将某个动画的效果"刷"给另一个动画。另外，双击之后可以无限次"刷"。该功能使用得当的话，可以极大提升PPT中动画的制作效率。这是唯一一个不能在动画窗格里进行设定的动画类操作。

❺ **计时**：设置动画时间的长短和开始方式，也可以通过它控制动画出现的顺序。

　　这里重点讲一下动画窗格，因为正如前面提到的，基本上所有的动画操作都可在这里完成。动画窗格界面如右图所示。我们可以在这里改变动画顺序和持续时间。

　　双击某个动画，即可进入该对象动画效果对话框。

❶ 在"效果"选项卡中可以设置是否出现声音，"动画播放后"可以设置播放后是否变暗或者透明，"动画文本"可以设置如何发送。

❷ 在"计时"选项卡中可以进行更详细的时间轴设定和触发器设定。

❸ 在"正文文本动画"选项卡中可以设置文字按哪一个层级播放动画，也可以设定播放的间隔和顺序。

▲ "效果"选项卡

▲ "计时"选项卡

▲ "正文文本动画"选项卡

　　从上面的讨论可以看出，动画窗格是一个PPT动画功能集大成的地方，除了不能选择某种动画和使用"动画刷"工具，其余功能都能完成。

03 4招让动画华丽转身

　　在动画的使用上，我们很容易沾染两种毛病：多动症和浮夸风。

　　多动症：即喜欢任何地方都用动画，结果整个PPT让人应接不暇、眼花缭乱。

　　浮夸风：即喜欢用夸张的动画，华而不实，让人不舒服。

　　PPT动画最重要的是把握好"度"，恰到好处才是王道。那如何做到恰到好处呢？这里我们重点讲解4个让动画效果低调又华丽的方法：灵活运用时间轴，动画的叠加、衔接和组合，用触发器增加交互，以及页面的无缝连接。

1. 灵活运用时间轴

时间轴的基本设定包括以下几个内容。

❶ 调整动画先后顺序

方法一：在动画窗格中选中某个动画，单击右上角的上下按钮 ▫▫ 调节。

方法二：在动画窗格中直接选中动画进行拖动调节。

❷ 改变动画连接顺序

PPT提供了3种连接顺序：单击时，与上一动画同时，上一动画之后。这可以在"计时"选项卡中的"开始"选项调整。

❸ 改变动画持续时间

方法一：选中某个动画后在"计时"选项卡中设置"期间"选项。

方法二：将光标放到动画窗格中的动画上，当出现 ⬌ 时进行手动调整。

❹ 延迟：在"计时"选项卡中改变两个动画之间的间隔时间。

❺ 重复：在"计时"选项卡中设置动画重复的次数。

以上的设计基本都有默认的时间和连接方式，而要想灵活运用时间轴，就必须抛弃掉PPT固有的动作默认设置，因为动画时间的掌控不可能有通用的公式。在一种情况下所能起到的作用，在另外的情况下不一定也能起到相似的作用。

这些默认设置让整个PTT呈现出是无交叉、速度死板的线性动画：一个动，其他的静止；然后另一个动，如此继续。现在我们要做的，就是让多个在动，且动的时间更多元。

▲ 左图：默认的动画开始方式。右图：默认的动画持续时间　　▲ 动画默认线性出现且持续时间很短，灵活运用动画则需要打破这一设定

那么如何实现这种效果呢？

🔧 Step 01 将"开始"选项设置为"与上一动画同时"。

🔧 Step 02 将光标放到动画窗格中的动画上，当出现 ⬌ 时拖动进度条。

随书光盘\案例文件\Ch7\4招让动画华丽转身.pptx中提供了未打破时间轴时和打破时间轴后不同动画效果的对比。

▲ 灵活运用时间轴，让动画效果更生动

2. 动画的叠加、衔接和组合

也许有朋友会问，"如果我不想这么麻烦地捣鼓时间轴，是不是做出来的动画就没意思了？"

也不尽然。将某些动画进行叠加、衔接和组合，也能产生眼前一亮的效果。在这里，叠加就是"与上一动画同时"，衔接就是"上一动画之后"，组合就是让多个元素一起使用前两者的时间安排。

❶叠加：一个对象如果只有一种动画效果，它的表现力会十分局限，如果此时给它添加另一种动画效果，两者同时出现，会起到"1+1＞2"的效果。比较常用的叠加效果有：缩放和陀螺旋、路径和陀螺旋、淡出与脉冲，以及路径与淡出。这些效果也在随书光盘中的PPT《4招让动画华丽转身》中有展示。

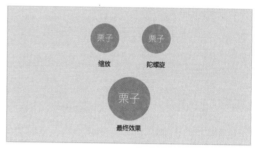

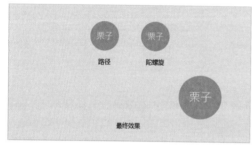

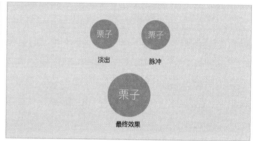

▲ 动画的叠加效果举例

❷衔接：对于有关联的不同对象而言，两者的出现可以紧挨着进行，不必全靠演说者手动触发，从而让整个动画过程连贯生动。有时候动画高手会将一条直线分成3段，使用擦除动画，设置不同的出现时间，让要展示的事物依次出现，效果惊艳。

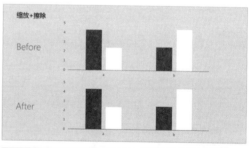

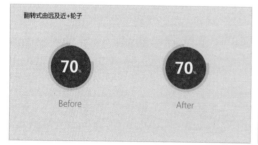

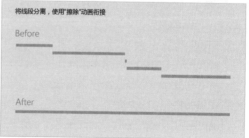

▲ 动画的衔接效果举例

❸ 组合：单个元素的动画效果无论如何叠加、衔接，都很容易显得单薄枯燥。如果想要效果震撼，可以增加元素量，多个对象一起使用动画效果。

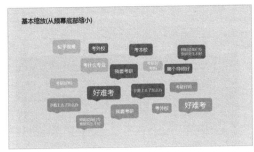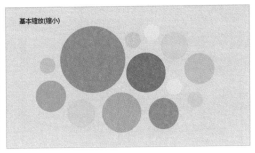

▲ 动画的组合效果举例

3. 用触发增加交互

　　正如前面提到过的，我们可以通过设置动画触发源来增强PPT页面的交互效果。具体操作方法如下。

▲ 触发器的两个设定方法：一个是在"动画"选项卡中的"高级动画"选项组中设定，另一个是在动画效果对话框的"计时"选项卡中设定

PPT放映时，单击该对象，动作即开始执行。

▲ 该页幻灯片分别为"答对了"和"答错了"设定触发效果，从而增强交互性。在课堂数学类PPT中使用，可以提升学生参与的活跃度

Tips

引申知识：动作 触发器是用来控制页面内部各元素的变化的，而要实现页面之间的转换，可以考虑使用"插入"选项卡中的"动作"按钮。在其"操作设置"对话框中有两个选项卡，分别对应：单击鼠标时的动作和鼠标悬停（就是停在被插入超链接的元素上）时的动作。这两种动作方式不同，但都可以实现转到任意页面的效果。

▲ 转到某页幻灯片有两种触发操作：其一是单击鼠标，其二是鼠标悬停

▲ 这是该PPT的最后一页，作者给replay设置了"超链接到第一张幻灯片"，给close设置了"超链接到结束放映"。这样观众若想回味一遍，只需单击对应的按钮，而不用从头开始播放幻灯片

这里笔者建议一个PPT中不适宜用太多超链接，因为这样很容易令页面变得混乱不堪。

选自《惊变》（锐普PPT论坛：DYFX）

4. 页面的无缝连接

之前的讨论都集中于单一页面内的动画，这里我们讨论一下页面之间的过渡。

从一张幻灯片突然跳至另一张，会令观众觉得唐突。如果希望演示文稿的播放流畅，可在幻灯片之间添加切换（转场）效果。切换效果在"切换"选项卡中，PowerPoint 2013提供了46种切换效果，完全能够满足各类转场要求。

▲ PowerPoint 2013提供的切换效果

这46种切换效果分为3个类别：细微型适用于普通内容页面的切换，华丽型适用于突出强调，动态内容更利于一组图片的展示。

另外，每种切换效果可以在"效果选项"下拉列表中进行更详细的设定，比如"分割"可以根据方向分为4种类型。

▲ "分割"的4种效果

下面重点介绍两种页面连接方式。

❶ **线条+推进**：两（多）页PPT之间用线条联系，用"推进"过渡，整个幻灯片播放时就像被纤夫拉着前进，自然连贯。

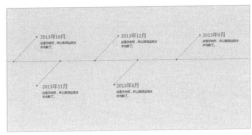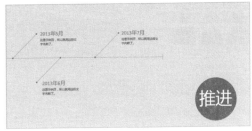

▲"线条+推进"切换效果示例

❷ **轴对称+翻转**：若PPT页面为轴对称设计，那么可以利用"翻转"切换的方法，让整个幻灯片看起来像围绕中间的轴不断地转动。

▲"轴对称+翻转"切换效果示例

在随书光盘\案例文件\Ch7中有PPT《4招让动画华丽转身》，那里有更多的页面连接的方法，并附有使用指南。

选自PPT《4招让动画华丽转身》

Section 02

"乐"来越好

PPT是否要用背景音乐，取决于播放的场合是否适合：在建筑学专业毕业论文答辩时播放背景音乐势必是"自寻死路"；在年会时不放点音乐，又真的是扫兴不少。

无论怎么样，我们要知道去哪儿挑音乐，学会如何将音乐嵌入到PPT中。毕竟，谁也不敢说下一次不会遇到使用配乐的场合。

"现在我们给客户做的PPT，大概1/3都是需要背景音乐的。"

——锐普PPT创始人　陈魁

01 去哪儿找音乐

寻找合适的音乐有两个途径：其一是利用音乐网站，比如虾米音乐网和百度音乐；其二是下载酷我音乐盒、酷狗音乐盒或QQ音乐的电脑客户端。笔者比较推荐后者，因为客户端下载歌曲比网页直接下载更快。无论使用哪个途径，我们能获取的音乐数量都能用"海量"形容。那么到底哪些音乐比较适用在PPT中呢？

音乐形式	描　述	举　例
原声带	无论是电影配乐还是动漫配乐，都有着极高的质量；而且因为在剧中是与剧情相呼应，所以如果PPT所要渲染的感情与其相一致，使用后效果将十分惊艳	《泰坦尼克号》原声带，《火影忍者》原声带
流行乐配乐	现在很多歌手在CD中都会附上配乐，如果该歌曲流行程度高，使用后很容易引起共鸣	《一个人旅行（配乐）》（刘若英《爱情限量版》）
纯轻音乐	一些纯轻音乐的使用频率也颇高，特别是班得瑞系列就被频繁用于电影、广告和电视剧配乐领域	班得瑞系列，《钢琴心情101》

◀左图：《钢琴心情101》里有包括《彩虹》（周杰伦）、《逆光》（孙燕姿）等101首耳熟能详的歌曲的钢琴演绎版本

右图：Bandari（班得瑞乐团，又译班德瑞）是一个瑞士音乐团体。其作品以环境音乐为主，亦有一些改编自欧美乡村音乐的乐曲，另外还有相当数量的他人成名曲目的重新演绎版本

除了音乐，有时我们也需要一些音效来辅助烘托演示效果。PPT自带了一些声音特效，我们在动画窗格中双击某个动画，在弹出的对话框的"效果"选项卡中可以为其添加音效。

若想获得更多音效，推荐两个网站。

❶ "站长素材"的"音效"专区：http://sc.chinaz.com/yinxiao/

❷ 音笑网：http://www.yisell.com

▲ PPT自带的声音特效

02 使用音乐的两个关键

1. 格式转换

好不容易找到了音乐，也插入到了PPT中，为什么拿到公司的电脑上就放不了？这是因为普通的MP3、WMA格式不能通过嵌入真正与PPT"融为一体"，只有微软"亲生"的WAV格式（它为微软公司开发的一种声音文件格式）才可以。所以在插入音乐之前，最好将音乐文件的格式统一转换为WAV格式。

这里推荐一款转换软件"格式工厂"，它不仅能转换音频格式，也能转换视频和图片格式，在转换界可谓"全能王"。

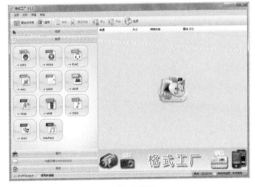

▲ 格式工厂

2. 自定义播放

插入音频后，PPT上即会显示一个声音图标，光标移到它上面时，会显示音频的播放进度。PowerPoint 2013提供了基本的音频编辑功能，基本能满足平时的需求。下面介绍几种常用的音频编辑操作。

▲ 插入音频后PPT上的播放进度条

▲ 在"音频工具–播放"选项卡中进行编辑

❶ 添加书签

单击"播放"按钮后即可试听，试听到重要节点时可暂停（按空格键），再单击"添加书签"按钮进行标注。为什么要添加书签？一个重要原因就是为了接下来的剪裁音频。

❷ 剪裁音频

添加书签确定好节点后，即可单击"剪裁音频"按钮，在弹出的"剪裁音频"对话框中拖动蓝色和红色标记到对应的节点，单击"确定"按钮即可剪裁。若还要进行微调，可调节该对话框中的"开始时间"和"结束时间"选项。

裁剪后可以在"淡化持续时间"处设置音频的淡入淡出效果，这样声音进入（退出）时会渐入（渐出）。

▲ "剪裁音频"对话框

▲ 淡化持续时间

❸ 设置音频选项

裁剪好需要的部分后，还需要对音频进行一些设定，这些设定都可以在"音频选项"选项组中完成。

- **音量**：可以选择低、中、高和静音。
- **开始**：可选择"单击时"或"自动"。
- **跨幻灯片播放**：不勾选时则只在该页播放。
- **放映时隐藏**：不勾选时这个声音图标会出现在放映界面上。
- **播完返回开头**：顾名思义，播放完后重新播放。

▲ "音频选项"选项组

Tips
这里需要注意的是，若某页PPT有多个动画，如果需要一开始就播放音乐，那么就需要在动画窗格中将音乐动画拉到最上面。

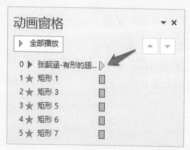

▲ 将音乐动画拉到动画窗格的最上方

还是炫不起来？插视频！

不知你有没有这样的感觉：不管动画如何炫、音乐如何动听，还是比不上真实的视频有"杀伤力"。类似于音频，PowerPoint 2013也可以对视频进行编辑，而且可编辑的程度比音频更高。

01 基本剪裁和播放设置

与音频类似，在PowerPoint 2013中，我们也可以对视频进行裁剪和播放设置。

▲ "视频工具-播放"选项卡

该选项卡的设置方法与音频的基本一样，唯一的差别就是音频的"放映时隐藏"在这里替换为了"未播放时隐藏"，即在不播放的情况下，观众看不到视频的模块。

02 格式设定

这里重点介绍一下"视频工具-格式"选项卡。

▲ "视频工具-格式"选项卡

它与"绘图工具-格式"选项卡有相似的地方，也有不同之处，我们来——讨论。

1. 更正和颜色

通过这两个工具，我们可以对整个视频的亮度、饱和度和颜色进行调节。

▲ 左图：原视频。中图：对比度+20%，亮度+20%。右图：颜色改为灰度

2. 标牌框架

如果未勾选"未播放时隐蔽"复选框，那么当PPT转移到有视频的页面时，视频部分会自动以第一帧页面填充。若想另外换张图片，可以单击"标牌框架"按钮，在下拉列表中选择"文件中的图像"选项。

▲ 该视频第一帧为黑色，起不到预览图效果

▲ 换上写真图后更有范儿了

3. 视频样式

在"视频样式"选项组中，我们可以改变视频形状，也可以为它添加边框，甚至可以像对图片一样为它增加阴影等6种效果。

▲ 将背景调为黑色，为视频添加映像和三维旋转效果

▲ 将视频形状改为圆角矩形，并增添白色边框

4. 视频裁剪

有的时候视频的真实播放区域只占视频的一部分，此时我们可以用裁剪工具剪掉没用的部分。

▲ 对视频裁剪，没有了之前的多余部分

210

保存也有学问

当PPT里多了视频等多媒体元素，保存时就有了更多的方案可以选择。

01 另存为视频

另存为视频是最保险的方式，完全不用再担心兼容性问题。只不过对于演示而言，视频不太好控制。

在PowerPoint 2010和PowerPoint 2013中，另存为视频的操作为：打开"文件"菜单，选择"导出"命令，再单击"创建视频"命令，即可进行视频的设定。这时需要设定两个参数。

其一为视频的质量。PPT提供3种质量，一般都选择默认的"计算机和HD显示"。

其二是是否使用录制的计时和旁白。如果PPT中有进行排练计时，那可以按照排练计时的方式录制视频；如果没有，可以选择"录制计时和旁白"选项。如果嫌太麻烦，也可以选择"不要使用录制的计时和旁白"选项，PPT就会按默认每页5秒（也可调节改变）的速度进行播放。

▲ 转制视频的步骤："文件"—"导出"—"创建视频"

▲ 3种视频质量

▲ 录制计时和旁白

02 打包为CD

多数时候我们不想改变PPT的模样，此时可以考虑打包为CD，它能够有效解决演示文稿里链接失效的问题。那么如何打包呢？步骤很简单。

🔧 **Step 01** 在PowerPoint中打开想要打包的PPT演示文稿，执行"文件"–"导出"–"将演示文稿打包成CD"–"打包成CD"命令。

🔧 **Step 02** 在弹出的"打包成CD"对话框中，选择需要添加的与该PPT相关的音视频文件，也可以删除不需要打包的文件。

🔧 **Step 03** 单击"复制到文件夹"按钮（现在移动存储设备已经很普遍了，如无特殊需求一般不必复制到CD），选定"位置"，单击"确定"按钮，即可完成打包。

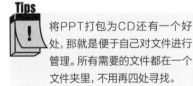
Tips
将PPT打包为CD还有一个好处，那就是便于自己对文件进行管理。所有需要的文件都在一个文件夹里，不用再四处寻找。

▶ 这是打包出来的文件夹。带上装有此文件夹的移动存储设备，便不用担心链接失效的情况了

03 转存为EXE格式

如果你还是觉得太麻烦，不妨借助于外部工具iSpring，将PPT转换为EXE格式（可执行文件格式）。iSpring是一款PPT格式转换工具，能轻松将PPT转换为EXE格式，方便在他人电脑上运行。它既能让动画多媒体在各类环境下播放，又能呈现出PPT本来的模样。

下载地址：http://www.ispringsolutions.com/

安装好软件后，PowerPoint中会多出一个如下图所示的选项卡。

单击该选项卡中的"发布"按钮，会弹出iSpring的"发布为Flash"对话框。在"Flash输出"选项组中勾选"生成EXE文件"复选框并单击"发布"按钮，便可将PPT转换为EXE格式。如下左图所示。

打开转换好的文件，即可运行。运行效果十分流畅。如下右图所示。

▲"发布为Flash"对话框

▲ 转存为EXE格式的PPT

 课后作业

学习动画的最好方法是模仿：打开动画窗格，看PPT使用了哪些动画，并如何进行时间管理。

所以本章的课后作业是模仿Simon的PPT《2012年SIFE全国赛PPT英文分享版》。该文件在**随书光盘\案例文件\Ch7**中。

平时如何学习PPT动画?

动画的学习确实很难教,也很难学,这其中有一条必经之路,那就是模仿。
模仿可以从两个角度入手:其一是从生活中的动画着手,比如浏览网页所看
到的内容;其二是从他人的PPT中收获灵感。
请永远相信:所思有所悟,所悟有所得。

方式一 从生活中的动画着手

1. 从网页入手

一些网站会用Flash动画制造进入效果,其设计通常精致且不复杂,否则会拖慢网页加载速
度。浏览网页时若遇到这类动画,不妨试着模仿。

▲ 左图的进入动画淡雅、精致。研究后将其分解,笔者发现其就是淡入淡出等基本动画效果的应用,只是需注意时
间轴的操作问题。笔者依葫芦画瓢,做出一个类似的动画,如右图
左图截自日本一个节气网站(http://www.iseokagenosato.jp/kotonohagusa/)

2. 从演讲中入手

另一个学习动画的好方法是去看他人演讲,研究如何让动画恰到好处地与主题联系起来。
这里推荐一个网站:http://www.ted.com/。这里有全世界最前沿的演讲,且时间均在20分
钟内,很适合碎片学习。如果你觉得这里都是英文,语言有障碍,那可以去网易公开课看看。

▲ TED网站　　　　　　　　　　　　　　　　　▲ 网易公开课的TED频道

3. 从电视广告入手

电视广告或宣传片大多设计得吸引眼球，表达恰到好处。观察后你会发现，它们运用的动画效果都不稀奇，但组合起来效果就完全不一样！

▲ 该动画的特点是模仿湖南卫视的宣传片动画，并将其与低碳生活进行结合，让人眼前一亮
选自第三届锐普PPT大赛二等奖作品《为了地球的快乐 我们一起出发》

方式二　从PPT作品中找灵感

如果想更快地熟悉PPT中的动画设定技巧，最好的方法还是直接拿着别人的PPT，打开动画窗格，一步步学习。

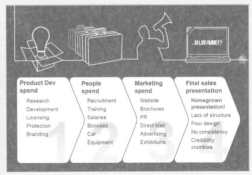

 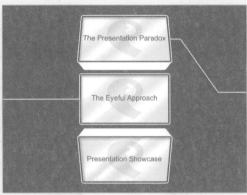

▲ 该PPT最大的特点是用线条将整个PPT连成一体，我们可以从中学习如何将形状与动画结合起来

选自国外一家PPT设计公司Eyeful的宣传幻灯片《Introducing Eyeful》

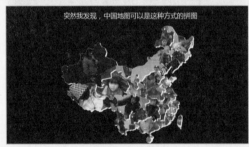

▲ 该PPT最大的特色是音效与音乐的配合，营造出凄凉
且急促的感觉。另外，它也很好地诠释了动画的"组
合"效果（多个对象一起使用动画带来震撼效果）

选自曾被"随手拍解救乞讨儿童"活动选为宣传片的PPT作品

总之，只要以发现的眼光看待生活中的方方面面，就不难寻找到PPT动画设计的灵感。

另外，不止PPT的动画，我们身边还"潜伏"着很多PPT的排版、配色参考对象。只要做
个有心人，处处都是PPT。

Chapter 03

版式设计
不是小事!

扫一扫，更
多惊喜哦

扫描二维码，关注笔者微信

课前预热
Warming Up↑

为什么我想简洁，结果却是简陋？

> "简洁"与"简陋"只差一字，效果却相距千里。两者都强调"少"，可"少"也有技巧。

如果为本书内容来个关键词排行，恐怕出现最多的莫过于"简洁"了。其实大多数朋友知道它的重要性，也在积极尝试，可结果总是不那么令人满意。比如下面几张幻灯片，页面元素不多，但看起来离简洁太远，更接近简陋。

究其原因，有以下几点。

第一，亲疏不明。第3张幻灯片各元素之间距离不统一，没能区分其亲疏程度。

第二，排列凌乱。第1张幻灯片中的几张图片没有一个统一的对齐标准，看起来混乱不堪。

第三，对比不清。背景图太明显，导致文字看不清。

第四，版式分散。3张幻灯片背景图各不一样，没有统一性。

这几个差错分别对应着页面排版八字诀的亲近、对齐、对比和重复。这8个字究竟有什么玄机？我们又应怎样运用它们呢？这些就是本章所要讨论的问题。

页面排版八字诀

Section 01

在《写给大家看的设计书》里，作者提出了4个简单易行的排版原则：亲近、对齐、对比和重复。掌握好这八字诀，基本上可以搞定PPT的排版问题。

01 亲近：有关联就在一起

在实际生活中，事物物理位置的接近通常意味着其存在关联，平面设计中也是如此。如果多个项目相互之间存在很近的逻辑关系，它们将成为一个视觉单元，而不是多个孤立元素。

要把握好亲近原则，需要处理好以下两点。

第一，关系亲的要靠近，关系疏的要远离！

第二，统一各视觉单元之间的间隔。

▲ 各元素都挨在一起，没有明显的亲疏远近，看起来十分压抑，有种喘不过气的感觉

▲ 将视觉单元（比如一级标题与二级标题、二级标题与内容）在距离上拉开，看起来没那么压抑

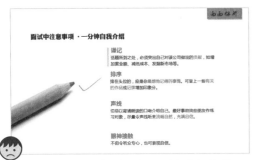

▲ 视觉单位之间的距离不统一，看起来十分凌乱

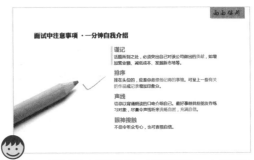

▲ 统一视觉单位之间的距离，内容整齐划一，层次清晰

02 对齐：各层之间要对齐

任何元素都不能在页面上随意安放，因为每一项都与页面上的某个内容存在着某种视觉联系。最好的方法是找准对齐线，并坚持以它为基准。

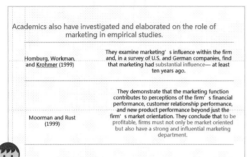

▲ 各段文字没有一个确定的对齐标准，看起来似胡乱排布，一团散沙

▲ 将人名和题头进行左对齐，两段解释文字左对齐，同时与人名居中对齐，于是整体变得井然有序

▲ 对齐最重要的是找准"线"。两页PPT中文字都是顶端对齐，左页PPT中图片居中对齐，右页PPT中图片底端对齐

当然，偶尔打破对齐可以产生一些不错的视觉效果，比如看起来内容很多的样子。

▲ 两页PPT都想体现人多的感觉，但素材内容不够，故通过大小变化和打破对齐，给观众很多人发言的感觉

03 对比：不一样的就突出

如果两个项：不完全相同，就应当使之明显不同。在页面上增强对比有以下两个效果。

第一，吸引人的眼球，因为我们的眼睛喜欢看到对比的事物。

第二，有助于信息的组织。

对比的内容有3类：文字的对比、颜色的对比和图形的对比。增强对比的具体方法在之前章节已有讨论，这里做一下回顾。

1. 文字的对比

利用字号、文字颜色和字体的差异进行对比。

▲ 该案例是一个个人总结幻灯片，通过种子、树苗到大树的变化反映个人的成长经历。PPT中通过字号、颜色和字体的差异，让图片、标题文字和解释文字区分开，层次清晰，大方美观

2. 颜色的对比

利用对比度、饱和度和亮度的变化进行对比。

 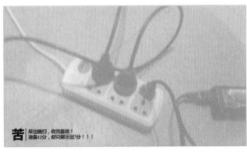

▲ 该案例是一个团队总结幻灯片，用4种颜色与酸甜苦辣4种心情相匹配

3. 图形的对比

利用图形的大小和形状差异,可以产生对比效果。

Tips

在进行对比的时候,同样不要忘了对齐和亲近两个准则。下图充分利用了裁剪功能,让图片和形状的边缘对齐,整体又与子标题保持适当距离。

▲ 该案例是一个比赛幻灯片,使用了Windows 8的Metro风格,通过不同大小的图形让主次分明

04 重复:要统一就要重复

设计的某些方面需要在整个作品中重复。通过让PPT的部分元素(图片、字体、配色和小部件等)重复使用,或使用相似的版式,可使PPT井然有序、风格统一,避免杂乱无章。

重复可以使观众不需要费力思考就能了解演示文稿的内容(他/她不用花太大力气去适应新的排版),也可以为PPT营造出良好的视觉效果。更重要的是,它体现了PPT制作者的条理性。

需要注意的是,这个统一并不意味着单调的重复,我们也要明确每个页面的作用,让各部分(封面、目录、内容、封底)各司其职。

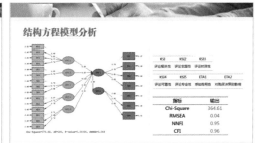

▲ 该案例是一个研究报告，通过字体（方正粗宋简体和微软雅黑）、蓝色、顶部图片和统一的版式，将整体统一起来

05 八字诀实战演练

页面排版八字诀并不能独立"作战"，而需综合运用。这里用3个案例说明实战中如何运用这四词八字。

223

224

原则	Before	After
亲近	配图离文字太近	将配图缩小，放到右下角
对比	提示词与解释文字没有明显区分出来	提示词用灰色降低明显性，解释文字则用主题蓝色强调

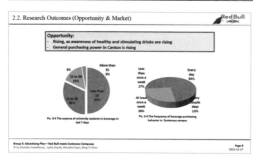

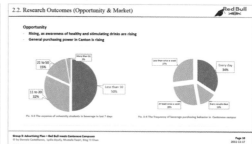

（续 表）

重复	饼图形式不一样	统一饼图形式
对比	1. 饼图颜色太多——太多对比等于没有对比 2. Opportunity 的外框没意义，反而影响观看	1. 饼图配色使用"无彩色与有彩色对比" 2. 取消Opportunity的外框

（续 表）

对齐	3部分文字递进排列，但间距不同	统一顶端对齐
对比	1. 背景图多且乱，无法让文字充分突出 2. 文字之间的层次通过文字字体和效果调节，但效果不佳，投影会产生阅读障碍	1. 替换背景图片 2. 将字体改为更具中国风的方正北魏楷书简体，并用红色与灰色进行层次区分

PPT排版4大利器

要实现页面排版八字诀，需要以下辅助工具：对齐、组合、窗格、网格与参考线。

"对齐"、"组合"和"窗格"功能都在"绘图工具-格式"选项卡中的"排列"选项组中，"网格"与"参考线"则需要在PPT编辑界面右击调出。

▶ 在PPT编辑界面右击，在弹出的快捷菜单中可以设置"网格和参考线"

▲"对齐"、"组合"和"窗格"功能在"绘图工具-格式"选项卡中的"排列"选项组中

01 对齐

PPT提供了8种对齐方式。通过它们，我们可以高效而精准地完成页面的布局，提高PPT排版的效率。

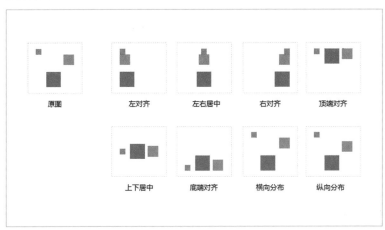

▲ 左图：对齐的8种形式示例。右图：8种形式的名称

对齐的操作：选中要对齐的元素，在"对齐"按钮的下拉列表中选择某种对齐方式即可。

▲ 选中图片下面的各元素，设置为"左右居中"对齐

02 组合

灵活使用"组合"工具，可以让PPT的修改简单高效。

1. 基本应用

当两个或多个对象"组合"到一起后，缩放或改变这个组合的大小时，本组合中所有对象的大小同时改变，且内部各元素的相对位置不会改变。

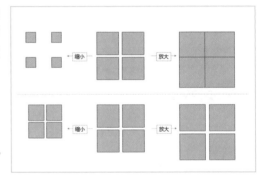

▶ 上：非组合状态下的放大和缩小。
下：组合状态下的放大和缩小

2. 整体快速对齐

如果某页PPT上各组成部分之间已经对齐，但整体看起来有些偏，此时可先全选（按快捷键Ctrl+A）该页元素，选择"组合"选项，再设置对齐方式为"左右居中"和"上下居中"。

▲ 整体快速对齐的方法：全选该页元素−"组合"−"左右居中"−"上下居中"

03 窗格

用过Photoshop的朋友肯定都十分熟悉里面的"图层"，我们可以通过它来：①设定各元素的可见性；②调节元素的层次。

其实PowerPoint中也有一个类似的功能，那就是"窗格"，可通过单击"绘图工具-格式"选项卡中的"选择窗格"按钮调出。

▲ Photoshop中的图层　　　　▲ PowerPoint中的窗格

窗格一般涉及到以下两个操作。

第一是排序，既可以通过鼠标拖动实现，也可以通过单击 ▣▣ 按钮实现。排在越前面的元素在PPT中越接近顶层。

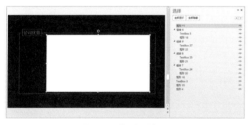　　

▲ "矩形11"排在第一个　　　　　　　　▲ "矩形11"排在倒数第四个

第二是隐藏，可以通过单击动画右边的眼睛图标实现。这有两个用途，其一是将现在不用、将来可能需要的元素隐藏，其二是便于对元素太多的页面进行修改。

▲ 这一页PPT因为设置动画等元素太多，需要将一部分隐藏后再做修改，通过"窗格"可轻松实现

04 网格与参考线

网格和参考线都是PPT中用于定位各元素（图片、文字、色块等）的工具。网格是按一定标准将页面进行分割后形成的，参考线则是根据需要添加的。两者都只在编辑状态下显示，播放时则会隐藏。

▲ 网格

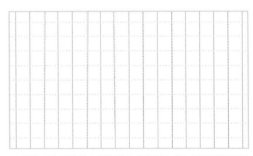

▲ 参考线

从笔者的使用经验来看，网格的作用其实比较小，一般是用来看所画直线是否水平（或垂直）。更多情况是利用参考线进行页面之间的对齐，从而实现排版原则里的"重复"。

▲ 网格用来检验线条是否垂直（你看出哪条不垂直了吗？）

▲ 参考线用于页面间的对齐，从而实现八字诀中的"重复"效果

了解了八字诀和贯彻八字诀的排版工具后，我们就需要将其运用到具体的PPT页面制作中去，这些页面包括PPT的封面、目录页、内容页和结束页。不过在这之前，我们有必要了解一下决定这些页面排列次序的逻辑思维过程和原则。

将PPT盖成金字塔

Section 03

我们看到，很多PPT一开始就直奔主题。这就如同你打开一本书，没有序言、没有目录，直接就是第一章，给人一种突兀之感。

这样的PPT很容易让观众一开始就对你失去兴趣。如果你的PPT第2页、第3页依然不能引起观众注意，那么你这场演讲恐怕将很难成功。如何解决呢？把PPT盖成金字塔吧！

01 什么是金字塔原理？

金字塔原理是由麦肯锡国际管理咨询公司的咨询顾问巴巴拉·明托（Barbara Minto）发明的一种思维组织方法。在这种金字塔结构中，思想之间的联系方式可以是纵向的——即任何一个层次的思想都是对其下面一个层次上的思想的总结；也可以是横向的——即多个思想共同组成一个逻辑推断式，而被并列组织在一起。全部思想集合到一起就构成了一个金字塔结构。

用一句话描述金字塔原则就是：任何事情都可以归纳出一个中心论点，而此中心论点可由3至7个论据支持，这些一级论据本身也可以是个论点，被二级的3至7个论据支持，如此延伸，状如金字塔。

02 为什么要遵循金字塔原理？

简单来说，这一原理更有逻辑，便于我们（和听众）记忆。打个简单的比方：现在老妈给你一项任务，去超市买一些东西，购物清单上有葡萄、橘子、纯牛奶、酸奶、苹果、豆芽、鸡蛋、萝卜和空心菜。就凭大脑，你会怎么去记？

按照金字塔原理，我们可以将这些东西进行归类。

水果类：葡萄、橘子和苹果。

蛋奶类：纯牛奶、酸奶和鸡蛋。

蔬菜类：豆芽、萝卜和空心菜。

当对需记忆的东西进行归类之后，记忆的效果会得到有效提升。

▲ 按金字塔原理整合的购物清单

03 如何在PPT中实践金字塔原理?

金字塔的原理很简单,有点类似于小学作文课上讲授的总分组织方式。想在PPT中实践这一原理,就需要从封面出发,借助于目录页和导航页,将这个结构更加清晰地体现出来。

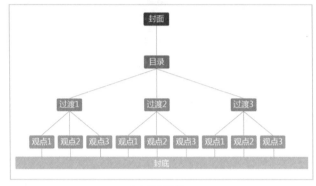

▲ 金字塔结构的PPT

Tips
要想实现内容的结构化组织和呈现,有两种方法可供选择:其一是利用PowerPoint插件pptPlex(详见本书296页),其二是利用PowerPoint提供的节功能(详见本书301页)。

Section
04

抓住重点的页面设计

从金字塔结构出发,我们来讨论封面、目录页、过渡页、内容页和结束页的设计。

01 重中之重的封面

你知道"晕轮效应"吗? 它指的是人们对他人的认知判断首先由个人好恶得出,然后再从这个判断推论出认知对象的其他品质的现象。如果认知对象被标明是"好"的,他就会被"好"的光圈笼罩着,并被赋予一切好的品质;如果认知对象被标明是"坏"的,他就会被"坏"的光环笼罩着,他所有的品质都会被认为是坏的。

如果你看到一个PPT的封面是下页顶部图片这样的,那你应该也不会对它的内容有过多期待了吧。

封面是第一印象,是PPT制作的重中之重! 那么如何设计封面呢?

▲ 看到这样的封面，你对后面的内容还有期待吗？

1. 图片为主

这类封面视觉效果震撼，合适的图片能够在演讲一开始就打动观众。

如果使用整张图片做封面，最好选择有大段空白区域的图片，而且质量一定要高，否则看起来会十分劣质。

▲ 图片质量高，细节清晰，感染力强

▲ 图片质量低劣，细节模糊，感染力弱

如果图片确实没有足够的留白，那么可以对其进行裁剪，或者添加形状，方便放置文字。

▲ 对图片进行裁剪，文字在下方白色区域，与图片右侧对齐 ▲ 在图片表面添加一个经过编辑顶点后的"梯形"，看起来柔和自然

　　如果图片质量确实不行，可以考虑使用多张图片，拼在一起组成一张大图。

▲ 多张小图片组合成一张大图，其效果不亚于一张真正的大图

2. 文字为主

　　以文字为主的幻灯片需要充分考虑排版八字诀，以让内容看起来井然有序。另外，可以用形状进行修饰，让页面元素更丰富。以下是同一内容的3种封面形式。

▲ 文字左对齐，并用钢笔装饰

▲ 文字居中对齐，由于版面很满，故没有添加其他元素　　▲ 文字右对齐，添加矩形色块进行引导

02 锦上添花的目录页

大多数情况下，封面之后紧接着就是目录页。目录页的作用是让观众对整个演示文稿的内容有一个全面的了解，所以简洁明了、突出重点即可。

1. 利用形状

强烈推荐！目录不太适宜夸张的表现手法，要想出彩就必须从细节处着手，形状是非常不错的选择。

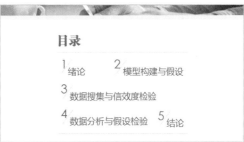

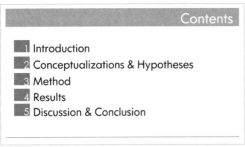

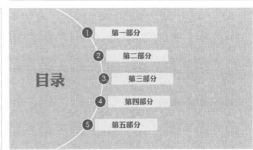

▲ 利用直线、矩形和圆形进行引导，在细节处寻求变化

2. 利用PNG图标

PNG图标可以为目录带来一定的设计感，同时不像JPG图像那么细节丰富，不容易喧宾夺主。

▲ 利用PNG图标制作目录，与扁平化的Metro风格结合，看起来简单清爽

3. 利用图片

目录借助于图片呈现是一种冒险，图片需与内容契合得当，且颜色协调。当然，图片运用得当的目录页更容易让人眼前一亮。

▲ 该幻灯片利用图片制作目录，图片颜色基本上为蓝色，风格为商务，与主题内容相一致

03 条理清晰的过渡页

　　PPT各部分之间用过渡页进行衔接。过渡页的设计有两类：其一是直接利用目录页，其二是重新设计页面。

1. 直接利用目录页

　　这有两个好处：其一是制作简便，其二是观众能快速获知演示到了哪里。方法就是利用对比原则：或者放大某个部分，或者改变对应模块，或者综合使用这几种对比手段。

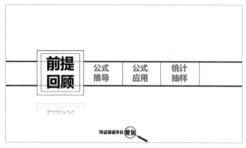

▲ 在原有目录的基础上放大字号和背后的矩形框，像士兵站出列，宣布"轮到我了"的感觉

▲ 在原有目录的基础上将要讲的部分染上红色，与"吸血鬼"主题相一致

2. 重新设计页面

　　有时为了增强视觉冲击力，或者为了方便添加更多内容，我们可以单独设计过渡页。这又分为两类：其一为无子目录的过渡页，其二为有子目录的过渡页。

▲ 该幻灯片为了单独强调"市场在哪里"，故借助图片单独制作一页导航页，以引起观众的重视

▲ 该幻灯片也是单独设计的导航页，但为了让观众清晰了解接下来的演示逻辑，故增添了子目录

04 求同存异的内容页

　　内容页的设计可谓百花齐放。或者全图形，或者全文字，或者图文结合——我们可以根据自己的需要用不同的方式传达内容。这里仅仅提供一些版式参考，希望朋友们能有所启发。

1. 全图形

第3章专题已对全图形进行了充分的讲解：在条件允许的情况（如过渡暖场、讲故事）下，大胆使用高清大图，并用色块进行装饰，给观众以震撼的感觉。

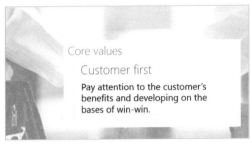

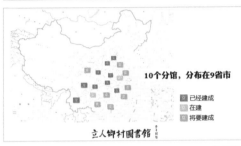

▲ 全图形幻灯片举例

2. 图文结合

这是PPT中出现最多的页面形式：图片可左可右，可上可下，找准位置摆放即可，剩下的区域就留给文字。

▲ 图文结合幻灯片举例

3. 纯文字

　　纯文字页面的具体设计方法可回顾第2章的内容，简单来说就是使用不同颜色、不同大小和不同字体、字号的文字，结合形状，综合运用排版八字诀来排版设计。是不是感觉这把整本书的内容都融合在一起了？的确如此。纯文字的排版是最复杂的，因为没有其他装饰，必须要靠其自身的变化来达到轻重分明的效果。

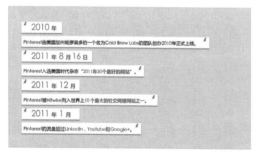 

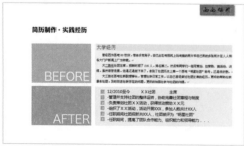 

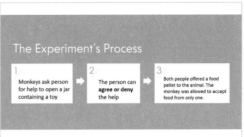

▲ 纯文字幻灯片举例

05 功德圆满的结束页

　　终于到了结束页！结束页一般都是简单感谢观众，有时也可以加上一些公司企业信息或重提一下本次演示的主题。制作时注意与PPT整体风格相呼应，简洁、干脆，也可放上演讲者的职务和姓名。

▲ 结束页举例

课后作业

经过这一章的学习，我们知道了页面排版八字诀，也清楚了不同页面的设计方法。我们回到本章最初课前预热的几页案例，现在你有信心把它修改到及格水平以上吗？原始PPT文件就在**随书光盘\案例文件\Ch8**中，现在就开始尝试改改吧！美化结束后不妨发到微博顺便@曹将PPTao，与笔者沟通交流。（笔者制作的对比版也在**随书光盘\案例文件\Ch8**中）

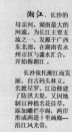

▲ 有信心把它们美化到及格水平以上吗？

Tips

简化并统一背景，使用无衬线字体，图片排列要对齐。

排版秘技"偷偷报"

在本章中，我们重点学习了页面排版八字诀。但其实在实际操作中，还有一些秘技，掌握好后，你的PPT排版水平将由优秀走向卓越！

秘技一　上去一点点！

我们的眼睛会有这样的错觉：真正放在中间的物件看起来要下沉一些。所以下次放标题的时候，建议再上去一点点。

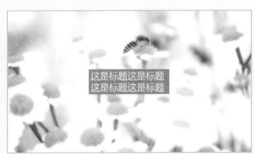

▲ 对比两页PPT，马上回答：你觉得哪个标题更居中？

秘技二　黄金分割

黄金分割又称黄金律，是指事物各部分间一定的数学比例关系，即将整体一分为二，较大部分与较小部分之比等于整体与较大部分之比，其比值约为1:0.618，即长段为全段的0.618倍。在工艺美术和日用品的长宽设计中，采用这一比值最符合人们的审美，PPT中也是如此。

▲ 将文字放在黄金分割线旁，整体看起来更加协调

▲ 核心人物太靠右，页面看起来有点不协调

▲ 对图片进行裁剪，将该人物移到黄金分割线上，有没有感觉页面变得顺眼了？

实际操作中，黄金分割线大概位于线段1/3的地方。在PPT中如何找到呢？有个简单方法。

Step 01 插入3个矩形，紧挨着放置，并"组合"。

Step 02 将组合后的整体矩形拉伸到编辑界面边缘，此时中间两条线就接近黄金分割线的位置了。

黄金分割线

秘技三　留白

现今，在一系列达人的倡导下，PPT越来越往大图大字方向发展，这在一定程度上可以增强幻灯片的震撼力，但却少了一些回味。有时，小一点，空一点，也不失为一种好选择。

留白，就是艺术性、巧妙地应用空白，以实现审美上的舒适感。这在中国画中得到了淋漓尽致的体现。查重光（清）在其著作《画鉴》就写到："虚实相生，无画处皆成妙景。"

▲ 整页空间都被图片占满，展示效果确实很震撼，但少了一些回味

▲ 图片缩小了，留出部分空白，看起来更含蓄内敛

关于留白有以下两个建议。

① 选择"空"一点的图片，也能实现留白效果。

② "留黑"、"留红"、"留灰"也是留白哦！

▲ "空一点"的图片天生就是留白的好料子。该页PPT除了人物外基本上都是空白，放上文字后也有足够的留白

▲ "白"即"空"，"留灰"也是"留白"

秘技四　平衡

平衡是指各元素呈现的一种状态：除非受外界影响，它们本身不会有任何自发的变化。

▲ 页面重心偏左，看起来要倒了似的

▲ 页面整体左右对称，十分平衡

平衡的好处在于让观众在心理上感受到一种物理量上的平衡，继而产生舒服的感受。

▲ 平衡的页面给人安全严谨的感觉，让人心情愉悦

平衡有两种类型：其一是对称平衡，其二是非对称平衡。

1. 对称平衡

对称平衡是一种等量等形的平衡，就是以中心点或者中心线为中心，在点的四周或者线的两边，出现相等、相同或者相似的画面内容。

选自《主动偷懒术》（新浪微博@米田的天空）

▲ 两个案例中的元素都是按页面中线轴对称排布的，整体呈现平衡状态
选自《Design Differences Between iOS and Windows Store Apps 》（微软制作）

2. 非对称平衡

　　除对称平衡之外，其他的平衡显得无规律可循，它更注重一种心理上的感受。如果你的页面呈现是平衡的，那么当观众看到它时会感觉这是一个整体，目光跳转会十分自然。

▲ 案例右边的图片与左边的文字构成的整体重心靠近页面中心，给人一种心理上的平衡感受
选自《一个广告人的自白》（新浪微博@小罗说色彩）

▲ 案例背景图片有向右倾斜的趋势，文字居左，刚好把这趋势压制住
选自《品牌产品宣传策略》（新浪微博@臭喷蛆）

当然，任何准则都是相对的。不平衡的页面会给人带来紧张的感觉，但同时也可以让页面活泼有动感。

▲ 虽然整体重心偏左，但文字配合着光点向右的动画，令页面动感十足
选自《成都的味道》（新浪微博@华盛顿推倒樱桃树）

▲ 页面重心偏右，形成向右的视觉引导，配上向右的转场动画效果更佳

Chapter 09

迫在眉睫，
就用模板！

扫一扫，更
多惊喜哦

扫描二维码，关注笔者微信

请回想一下：到目前为止，哪些PPT模板让你眼前一亮？哪些又让你吐槽无力？

笔者仔细回想了一下，好的模板真的很难想到，差的倒有很多，它们又可以分为以下3类：土得掉渣、喧宾夺主和不合主题。

01 土得掉渣

总有一些模板，它们出现频率高，排版方式陈旧，配色方案老土。每次看到这类模板，笔者都会有种连吃几天同一份外卖的沮丧感：可不可以来点新意！

这类大多是PPT自带的一些模板（特别是2010版以前的），或者是网上比较早期的模板。

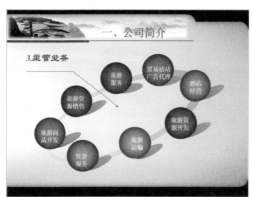

▲ 致"土得掉渣"模板：不是你不好，而是你已跟不上时代！
从笔者开始学习PPT到现在，这两个模板出现频率太高，以至于有种厌恶的感觉

Tips ! 现在微软提供的模板已经比较"与时俱进"了，在"设计"选项卡的"主题"选项组中可以很方便地调用这些模板。

02 喧宾夺主

这类模板或者图形复杂，或者色彩艳丽，或者动画不合时宜，总之就是要突出的内容得不到突出，不应突出的部分反而"脱颖而出"。

但是观众是来看内容的，而不是来看花拳绣腿的！

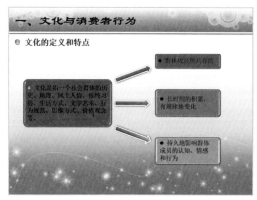

▲ 致"喧宾夺主"模板：不好意思，请记住你只是配角，不要抢镜了！

第一眼看过去，你注意到的是具体内容，还是周围色彩缤纷的装饰？

03 不合主题

这类模板在排版、动画、色彩上无可挑剔，可就是与所讲内容无关，给人一种随便嵌套的感觉。

渠道利润率

渠道利润率=税后净利润率/净销售额

它反映了渠道的赢利空间：

1）渠道费用的使用是否有效。如果渠道费用过高，则利润率就会降低；反之，利润率会上升。

2）判断自己的投资回报率是否达到了预期目标。是应该进一步改善渠道，还是应该转移投资方向。

库存周转率

包括三个方面：

1）生产商自有库存周转率=净销售额/生产商评价库存

2）渠道成员库存周转率=渠道评价库存

3）渠道库存周转率=（生产商自有库存周转率+渠道成员库存周转率）/2

▲ 致"不合主题"模板：衣服不合身，再好看也是白搭！

这个PPT的主题与财会相关，但使用的模板是秋天的落叶，两者怎么也搭不上边。难道秋天意味着丰收？

所以模板有风险，选择需谨慎！

既然我们已经学了这么多PPT设计的知识，不妨自己动手做一个模板，量身定制，绝不重复！

但在此之前，我们需要回顾一些相关知识：

❶ 常见的字体搭配有哪些？严肃场合和轻松场合分别是什么？

❷ 配色有哪些方法？两种颜色怎么配？多种颜色又能怎么使用？

❸ 页面排版有哪4个基本准则？

❹ 金字塔原理是什么？如何在PPT中实现？

这些知识还记得吗？如果不太清楚，请先回到对应章节简单回顾一下。

如何量身定做模板？

模板的制作与普通版面的制作没有太大差异，有时反而更简单，因为它只要求我们在特定的编辑界面下进行比较"泛"的操作。

既然是量身定做，首先肯定要好好衡量一下这"身体"的"三围"。

❶ 如果是为某个公司制作模板，那公司的Logo、口号、品牌定位和企业文化等资料势必需要提前了解，如果能拿到一本该公司的宣传手册就锦上添花了！

❷ 如果对象是某个活动，那活动的主题、活动的参与方、前几次活动（如果有的话）的新闻稿和摄影资料是需要掌握的。

❸ 如果只是一次小型的展示，那就要仔细阅读文稿，明确展示的风格。

了解这些信息的目的在于把握幻灯片风格，以确定字体、配色等一系列的元素。当这一切了然于胸后，我们便可开始"裁衣"。"裁衣"的工具台在"视图"选项卡中的"幻灯片母版"功能里。开工之前，我们先来熟悉这个地方。

▲ 单击"视图"选项卡中的"幻灯片母版"按钮，进入幻灯片母版视图

01 认识母版结构

打开幻灯片浏览窗口，可以看见该区域包含一个总的幻灯片和其分支出来的幻灯片：总的幻灯片就叫做"母版"，对它进行的任何改变都会作用到其他页面；其余的幻灯片叫做"版式"，对它进行的改变只针对于这一个页面，而不会作用于其他页面。

▲ 幻灯片母版视图

再看"幻灯片母版"选项卡，这里面我们最常用到的功能有"插入占位符"、"颜色"、"字体"和"幻灯片大小"。

1. 插入占位符

占位符，顾名思义，就是先占住一个固定的位置，等着你再往里面添加内容的符号。在幻灯片母版视图中，当你插入一个占位符后，在PPT编辑界面即会出现对应的模块，之后便可以添加对应的内容。这些占位符在PPT编辑状态下可见，在播放时隐藏。

PowerPoint提供包括内容、文本、图片、图表、表格、SmartArt和媒体等一系列占位符，其中使用最频繁的是"内容"和"图片"占位符。

▲ 插入占位符

▲ PPT编辑界面中的这些框都是占位符

利用占位符快速制作n×n图片拼贴

在第3章我们学习了如何利用"裁剪"工具快速制作n×n图片拼贴。其实还有个更快捷的方法，那就是利用"图片"占位符，只需3步即可搞定。

🔍 **Step 01** 新建一张版式页（在某两个版式页之间右击，在弹出的快捷菜单中选择"插入版式"选项），然后在该版式页上插入多个"图片"占位符，如右图所示。

Step 02 在PPT编辑界面中右击，在弹出的快捷菜单中的"版式"下拉列表中，选择刚刚制作好的那页。

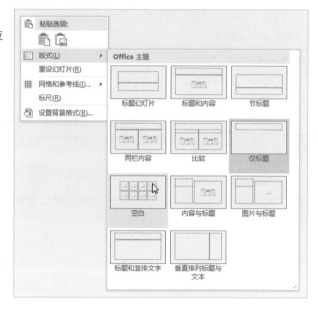

Step 03 单击各个占位符，分别添加图片即可，加入的图片会自动适应设置的大小。

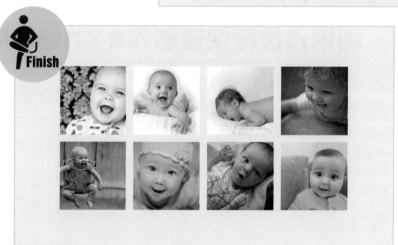

2. 颜色

通过"颜色"按钮及相关操作可确定PPT的配色方案。在该按钮的下拉列表中，我们可以看到PowerPoint 2013提供的一系列推荐配色方案。当然，我们也可以选择"自定义颜色"选项，DIY配色方案。

▲ 左图：PowerPoint 2013提供的一系列推荐配色方案。右图："自定义颜色"选项的对话框

▲ "主题颜色"面板与我们设置文字、色块或图片边框颜色时所看到的面板一一对应

Tips 前4栏一般固定使用Office提供的保险色彩：白、黑、灰和深蓝；与PPT主题相关的颜色在"着色"选项里设定。

3. 字体

"字体"与"颜色"一样，有自带的方案，也可以自定义，只需选择推荐字体下方的"自定义字体"选项即可打开设置对话框。

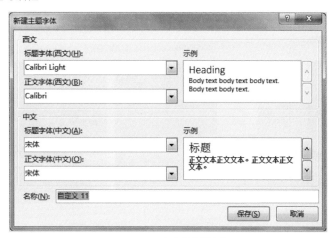

▲ "字体"选项

▲ 自定义主题字体

4. 背景样式

PowerPoint提供了几种背景样式，但是明显不够用，所以更多时候我们需要单击"背景样式"按钮，在下拉列表中选择"设置背景格式"选项，在出现的"设置背景格式"窗格中重新设计。背景格式包括5种类型：纯色、渐变、图片、纹理和图案。

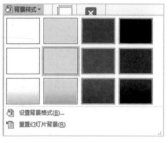

▲ 背景样式　　　　　　　　　　　　　　　　　▲ 自定义背景样式

❶ 纯色

纯色背景给人干净利落的感觉，其中白色背景使用频率最高，因为很多图片都是白色背景，将其放在白底PPT上可以无缝嵌入。

▲ 纯色背景PPT示例。白色背景的配图可以无缝嵌入到PPT中

❷ 渐变

渐变背景可在纯色背景的基础上增添层次感。使用最多的是黑白渐变、蓝黑渐变和蓝白渐变。

▲ 左页PPT：由四周向中心的黑白渐变，整体制造出一种集中于中间图片和文字的视线趋势。右页PPT：由下往上的蓝黑渐变，衬托出该手机系统的低调优雅

右页PPT选自《锤子发布会PPT》（新浪微博@罗永浩）

③ 图片

图片背景是最难把握的一类形式，一不小心就毁了PPT。好的图片背景有以下两个特点。

第一，色彩和谐，最好与PPT配色方案一致；

第二，视觉效果恰到好处，在不喧宾夺主的基础上吸引观众。

当然，为了保险起见，建议在图片上方添加形状蒙版，以保证文字的清晰度。

▲ 案例中图片颜色与整体配色相统一，右侧幻灯片通过使用蒙版让图片的冲击力减弱，以衬托文字

④ 纹理

纹理是指物体上呈现的线形纹路，更直观来看就是由一些小图平铺而成的大图。纹理背景简单朴素，十分有利于内容的呈现。

▶ 简单的纹理背景有利于内容的呈现

在**随书光盘\案例文件\Ch9**中有一个《PPT纹理图集合》PPT，里面的纹理背景可以直接复制到母版中使用。

这3幅图片选自PPT《PPT纹理图集合》

⑤ 图案

图案背景有点像更朴素的纹理，在PowerPoint中设置好"前景"色和"背景"色就可成形，看起来类似于更简单的纹理背景。

▲ 图案背景需要设置"前景"色和"背景"色

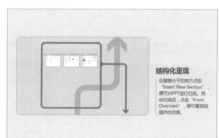 

▲ 图案背景看起来像更简单的纹理背景

5. 幻灯片大小

在PowerPoint 2013中，默认的幻灯片长宽比例是16:9，这与目前主流笔记本电脑和台式电脑显示屏的长宽比例相一致。不过如果你想自定义，也可以单击"幻灯片大小"按钮，在下拉列表中选择"自定义幻灯片大小"选项，在弹出的"幻灯片大小"对话框中进行设定。

▲ 幻灯片大小　　　　　　　　　　　　　　　▲ 自定义幻灯片大小

可能朋友们平时使用标准（4:3）的长宽比例较宽屏（16:9）为多，下面进行一下对比。

▲ 标准（4:3）　　　　　　　　　　　　　　　　　▲ 宽屏（16:9）

	优　　势	劣　　势
标准（4:3）	可以充分利用大部分投影界面，特别是文字多时不用那么挤	在电脑上编辑与放映查看时不方便
宽屏（16:9）	1. 操作更容易。现在的电脑显示屏的比例多为16:9，制作过程中更易对页面元素的排版进行把握 2. 展示效果好。展示时会产生宽屏效果，图片文字排版看起来更加精致	现在大多数投影仪的投影界面仍然是4:3的比例，不能充分利用投影界面

02 量身定制模板

知道母版各个部分的功能后，我们便可以为某一主题量身定制模板。一般来说，一个模板的制作过程可以分为以下6步。

❶ **确定幻灯片大小**：是标准（4:3），还是宽屏（16:9），还是其他自定义尺寸？

❷ **确定幻灯片背景**：纯色、渐变、图片、纹理还是图案？

❸ **确定主题字体**（请参照第2章）。

❹ **确定配色方案**（请参照第3章）。

❺ **制作幻灯片版式**：一般来说封面、目录页、导航页、内容页和结束页各一个。也可以不要封面、目录页和结束页，而放在具体的页面来制作。

❻ **其他**：添加动画，调整间距，设置页码等。

这里以笔者制作的《协助共赢，兼容并蓄，传承创新，精益求精——中山大学2012年度先进研会评选》举例说明模板的制作。

1. 制作背景

❶ 主题：研究生会年终答辩。

❷ 素材：中山大学管理学院Logo和演讲稿。

❸ 要求：大气、严谨、不乏味。

2. 制作过程

❶ 确定幻灯片大小。最终确定为16:9的长宽比例，内容已做精简，不用担心内容未能占满屏幕而字显得小的问题。

❷ 确定幻灯片背景。背景选择为白色，不花哨，重点放在之后的版式设计上。

❸ 确定主题字体。华康俪金黑和微软雅黑。华康俪金黑有种低调的华丽，与紫色相得益彰；微软雅黑则严肃内敛，减弱华康俪金黑的浮躁感。而封面标题字体用叶根友特楷简体，考虑到其不能嵌入到PPT中（只能另存为图片），故用得不多。

▲ 两种主题字体的呼应效果

❹ 确定配色方案。以Logo的主色紫色为主，黑色和灰色为辅。

❺ 制作版式。主要制作4类版式：封面、目录（导航）页各一个，内容页两个。

▲ 封面

▲ 目录/导航页

▲ 内容页1

▲ 内容页2

❻ **添加转场动画**。使用"淡出"动画，"期间"设置为0.25秒，快速干练。

最后看一下最终页面效果。

▲ 最终页面效果（完整版在随书光盘\案例文件\Ch9中）

Section 02 不想麻烦？用网上模板呗！

网上有大量的PPT模板，其中不乏精品。如果嫌自己制作模板耗时耗力，不妨直接找来套用。

"说了这么多，时间紧迫，我来不及做啊！"那就用网上模板呗！

不过从想到用最终用上有3个问题需要解决：去哪找？如何挑？如何"动刀"，让找来的模板更符合使用情境？接下来我们一一解决。

01 去哪找

本书随书光盘中提供了一些笔者和朋友们的PPT作品。笔者认为它们比传统的模板更易使用，这是因为：①你可以根据内容判断其是否与自己的主题搭配，进而决定是否采用；②里面的版式十分具体，可直接套用，只需你换换图片和文字。当然，这些模板肯定还远远不够，这里提供一些获取优秀模板的途径供大家选择。

途 径	推荐指数	优 点	缺 点	举 例 （更多内容请见本书附录）
PPT论坛	★★★	爱好者多会把自己的作品在此分享，内容多	①下载一般需要积分，或者完成任务，时间紧迫时不太合适； ②作品质量参差不齐，找寻成本高	锐普PPT论坛，扑奔PPT论坛
达人博客/微博	★★★★	①被称为达人，作品质量肯定高； ②达人多为某行业从业人员，找准后可以全部下载，多次使用	①达人作品一般不会太多； ②找到与自己行业相关的达人所花时间同样多	@曹将PPTao，@秋叶，@Lonely Fish
共享网站/网盘	★★★★	①数量极多； ②可以自定义选择，比如按"下载次数"排序	①有的看不到预览，挑选麻烦； ②找寻成本高	百度文库，新浪爱问，豆丁网，新浪微盘，百度云盘
PPT模板下载网站（免费）	★★★★	①数量多； ②有收录部分达人作品，质量相对较高	质量参差不齐	站长素材，PPT宝藏
PPT商店	★★★	质量高，毕竟是拿来卖	收费，一般几十元，贵的要上百元	PPTstore，锐普PPT商城

02 如何挑

好不容易找到几个感觉还不错的模板，选哪个好呢？这里有3个原则：符合公司形象，契合展示主题，让人眼前一亮。

1. 符合公司形象

如果这次展示代表整个公司，那么一定要切记不能损害公司形象！如果公司形象活泼（例如快销行业），那不妨选用活力十足的模板；若公司给人严谨的印象（例如金融企业），那模板最好简洁明了。

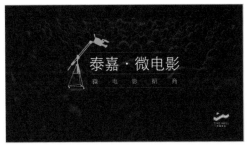

▲ 展示单位是某影业公司，背景图片为电影院，元素有电影器材，与公司形象一脉相承

▲ 展示单位为某墨水公司，模板采用色彩明亮的色块，与公司形象相呼应

2. 契合展示主题

不同的展示主题对模板要求不一样。如果主题是个人经历分享，那就用字少图多的模板；如果主题是咨询报告，那就用表多图少的模板。

▲ 婚姻主题的模板应该把空间留给有意义的图片，其余元素缩小，补充说明即可

▲ 学术类模板应该避免各种花哨的元素，简单背景和简单色块就OK

3. 让人眼前一亮

PPT的作用和目标有两个，其一是辅助演讲者完成演讲，其二是有力地吸引观众。按照前面两个原则挑选模板，实现第一个目标毫无压力。而要实现第二个目标，则必须让PPT看起来有特点，最好让人眼前一亮。眼前一亮的标准很多，最简单的是看它的排版有没有让人赏心悦目。

以下两个模板都通过精致的排版让人眼前一亮。

▲ 用线条和圆形色块进行引导

▲ 文字大小对比强烈，红色矩形做装饰

03 微整形

即使千挑万选，也很难保证找到的PPT模板100%符合要求。此时就需要对找到的模板进行"微整形"，让"公共品"最终"私人化"。

那么如何"动刀"呢？分成3步操作：该去掉的去掉，该改变的改变，该添加的添加。

我们以刚刚推荐过的这个模板为例，讲解其如何适配于一个商务主题：绩效考核方案研究。

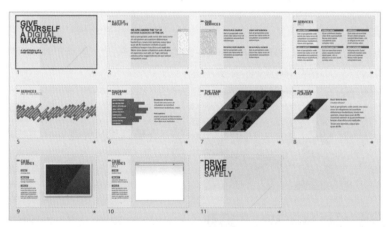

▲ 原始模板

1. 该去掉的去掉

该去掉的有以下两类元素。

第一类是多余的页面。有些页面是模板制作者用来引导大家制作的，无实际功用，可以直接删掉。

第二类是剩余的版式页里的多余元素。模板制作者大多会放一些美化元素到PPT中，这些东西我们可能并不需要，果断删掉。

▲ 这次的主题用不到这样的版式，可以删掉

▲ 浏览器是无关元素，可以删掉

2. 该改变的改变

改变的内容包括量身定做模板所需的幻灯片大小、背景图、配色、字体和版式设计等。特别强调："Company Logo"这个东西经常被大家遗忘，进入母版视图找到它，果断删掉，或换上这次主题对应企业的Logo。

▲ 不知有多少朋友的PPT因为"Company Logo"而暴露是从网上找的模板

幻灯片大小	保持原样
配色方案	蓝色为主色的"无彩色与有彩色对比"
主题字体	方正粗宋简体和微软雅黑的搭配
背景图	保持原样
版式设计	保持原样

3. 该添加的添加

最后，现有版式并不能完全满足需求，此时可以另外添加一页版式，在上面制作。

▲ 因为原PPT没有过渡页，所以在模板处添加一页

▲ 最终版选摘（完整版在随书光盘\案例文件\Ch9中）

 课后作业

请将上一节的模板匹配到最近（将要）制作的一个PPT中，具体匹配方法可参照上一节中的案例。参考匹配效果可在随书光盘\案例文件\Ch9中找到。

专题 Topic **09**

浅析中国风PPT

本书的讲解已接近尾声，基本技巧都讲得差不多了，这里我们好好地聊聊一类幻灯片：中国风PPT。其制作思路和技巧会用到前面多章的内容，朋友们可以顺便给自己来个测试：那些知识还记得吗？

浅析一　什么是中国风 PPT

　　听到"中国风"3个字时，想必大多数朋友马上联想到的不是泼墨山水画的静谧，就是"姑苏城外寒山寺，夜半钟声到客船"的隽永。所谓中国风PPT，就是利用中国传统元素（如书法、青花瓷、国画）来烘托PPT主题和内容，从而给人典雅内敛的形象的一类幻灯片形式。

▲ 该幻灯片将青花瓷图案用于背景，其余元素的配色也与青花瓷一脉相承，整体典雅内敛
选自《青花瓷PPT模板》（新浪微博@无敌的面包）

浅析二　为什么人们会喜欢或创作中国风 PPT

1. 从创作者角度来看

❶ 这可以产生形式上的差异化。当其他人都在用全图形、扁平化、拟物化的PPT时，中国风PPT一下便能抓住观众的兴奋点。

❷ 中国传统元素（比如梅兰竹菊）有着沉静内敛的象征含义，天然地适合于一些主题，比如文科类教学。

2. 从观众角度来看

　　由于自小到大或多或少地受到中国传统文化的薰陶，观众很容易对中国风元素产生文化认同感。

浅析三　什么时候使用中国风 PPT

　　一种情况是大篇幅使用。该类幻灯片的主题一般与文化相关，比如传统技艺的介绍，或者历史教学课件。

▶ 该幻灯片将皮影戏的特点与现代商务进行联系并做讲解，中国风是不二之选。牛皮纸背景、皮影戏、祥云图片和繁体字，都是中国风的标志元素
选自《皮影戏给现代商务的启示》（新浪微博@杨天颖GaryYang）

　　另一种情况是在PPT中穿插使用。这是我们经常会用到的情况，用中国风点缀，使幻灯片富有变化。

▲ 在封面和封底突出中国风元素（繁体字、竖排文字），首尾呼应

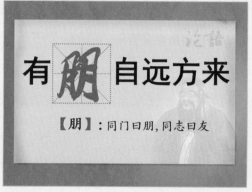

▲ 因用诗句点明主旨，故使用中国风元素
右页PPT选自《沟通的力量》（新浪微博@大乘起信_vht）

浅析四　如何制作中国风 PPT

1. 字体选择

毫无疑问，与中国风PPT最搭的是衬线体中的书法体。但是这要照顾到可视性，通常标题使用书法繁体，正文还是使用易辨认的衬线简体或非衬线简体（如微软雅黑）。

▲ 左页PPT字体搭配为：书法体+华文中宋。右页PPT字体搭配为：书法体+微软雅黑
选自《古城-中国风》和《墨韵-中国风》（新浪微博@九逸-Soloman）

2. 图片选择

使用青花瓷、墨迹、梅兰竹菊等中国风代表性图片。

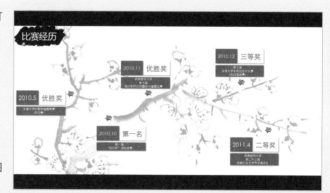

▶ 使用墨迹、梅花等中国风代表性图片来烘托气氛

3. 配色方案

中国风PPT多用红、蓝、黑、灰这4种颜色。推荐两种方案：第一种，红色主色调，黑灰补充；第二种，蓝色主色调，黑灰补充。

▶ 该PPT文字配色方案为红、黑和灰，与蓝色图片相映衬，和谐统一
选自《hi-hoo2013国风新年PPT_青花瓷》
（http://www.ppthi-hoo.com/）

4. 排版技巧

❶ **巧用竖排文字。**汉字最早是竖排文字，阅读顺序是从上到下，从右到左。PPT使用竖排文字给人阅读古书的感觉，一种古朴质感扑面而来。

▲ 该幻灯片为读书笔记PPT，使用竖排衬线文字，看起来古朴典雅
选自《权谋》（新浪微博@秦阳）

❷ **巧用田字格。**需要突出的文字给它添上田字格。如果嫌画田字格麻烦，推荐使用文鼎习字体。

▲ 需要突出的文字用田字格标注

❸ **巧用留白。**前面介绍过，留白，指书画艺术创作中为使整个作品画面、章法更为协调精美而有意留下的空白，能够给人留下想象的空间。中国风PPT切忌太满，否则毫无韵味。

▲ 大量留白给人足够的想象空间，韵味十足
选自网站：http://www.axinweb.com/ceshi/rongbang/

Chapter 10

一个习惯让你
成为PPT达人
——拆!

扫一扫,更
多惊喜哦

扫描二维码,关注笔者微信

PPT达人的秘密

到目前为止,PPT基本制作知识和排版技巧我们已了解得不少了。但这些东西只能解决"温饱",要达到"小康"水平,还需要多下些功夫。

如何下功夫能够事半功倍? 我们来看看PPT达人们是怎么提升PPT制作水平的。

> 走在路上,我会随手拍一些好看的广告,然后仔细钻研它们的排版方式,之后用到PPT里面去。
>
> ——新浪微博@秋叶

> 我平时喜欢逛一些设计网站,看到新的设计理念和设计方法,就会考虑怎么将其移植到PPT中,比如最近就比较关注扁平化的设计趋势。
>
> ——新浪微博@Simon_阿文

> 刚开始我会去模仿达人们的PPT,在模仿的过程中体会他们的制作思路。大量模仿之后,便会加入一些自己的东西,之后便慢慢形成自己的风格。
>
> ——新浪微博@花生PPTer

> 多做几个PPT后,你真的会发现哪里都是PPT:电视广告和动画可以用PPT模仿,街上的海报可以用PPT制作。反正只要有心,处处都是PPT。
>
> ——新浪微博@臭人鹏

由此可见,PPT达人的秘密就是善于发现目标、归纳总结,简单一个字,就是"拆"!

在这一章中,笔者就与大家分享去哪儿拆和如何拆。首先,我们讨论去哪儿拆。

▼ 该案例是一个商业比赛搭配幻灯片,作者借鉴了Windows 8的Metro风格,形式新颖,让人眼前一亮
选自《2012年赛扶创新公益大赛全国赛–华南师范大学》(新浪微博@Simon_阿文)

▲ 该案例介绍了PPT达人小巴如何从杂志中找到PPT设计的灵感

选自《从报纸/宣传册学商务PPT设计》（新浪微博@小巴_1990）

建立自己的素材小金库

拆解的第一步是获取资源。其实只要用心，身边尽是宝藏，比如本
书的配色和排版就可以拿来一拆。在此谢谢出版社的美编老师！

01 从哪里获取

　　一般来说，获取拆解对象的渠道可分为线上和线下。线上拆解资源有微博、博客、PPT论坛和平面设计网站等，线下拆解资源有报纸杂志、海报等。下面我们一一讨论。

1. 线上拆解资源

❶ 微博：PPT达人一般都有自己的微博，他们会在上面分享作品及制作经验。持续关注还可与他们进行互动，他们一般也会乐意回答大家的问题。（哪些微博值得我们关注，详见附录）

▲ 博主在转发他人优秀作品时顺便分享利用表格制作拼贴的经验

选自新浪微博@秋叶

▲ 博主在微博上分享其PPT学习经验："如何一天学会PPT制作"

选自新浪微博@臭人鹏

❷ **博客**: 除了微博, PPT达人还会在自己的博客上发布作品和制作经验。笔者比较推荐通过博客来拆PPT, 原因有两个: 其一是博客上的内容更专一和系统, 完整读来像阅读一本书, 收获也更大; 其二是每个达人都有自己的风格, 在系统学习中我们可以去模仿和发挥, 最终形成自己的风格。

◀ 这个博客上面共83篇文章, 侧重分享工作型PPT设计方法与PPT的创新理念
选自新浪微博@Lonely Fish的博客:让PPT设计NEW—NEW

❸ **PPT论坛**: PPT论坛相比博客和微博有两个优点: 第一, 这里既有达人解惑, 也有许多爱好者分享学习经验, 你可以找到志同道合的朋友, 与他们一起成长; 第二, 这里还有很多制作素材分享, 对于之后的实践操作有极大帮助。但是PPT论坛上的内容很多很杂, 对于新手而言可能会花费很多搜寻成本。

◀ 这个论坛每年都会举办PPT设计大赛, 其获奖作品都可以免费下载学习, 是不可多得的拆解资源
国内最大的PPT论坛锐普PPT论坛

❹ **平面设计网站**: 平面设计与PPT设计在一定程度上可互为借鉴, 其很多原则与方法 (比如扁平化设计理念) 都可以借鉴到PPT中。

◀ 站酷网是一个以设计师为中心的设计互动平台, 从这些平面作品中, 我们可以找到PPT设计的灵感

2. 线下拆解资源

❶ 杂志和宣传单：杂志和宣传单在图文排版上与PPT的理念一脉相承：图片负责吸引，文字着重讲解。但是一定要注意，PPT中的文字不可能像杂志和宣传单上的那么小。

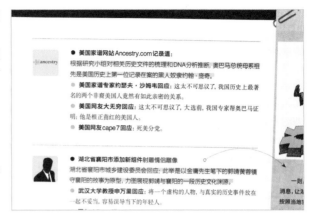

❷ 海报：海报这种宣传物旨在通过版面的构成在第一时间将人们的眼球抓住，并迅速将信息传达出来。从海报中我们也可收获PPT设计的灵感。

除此之外，线下拆解资源还有包装、指示牌等。总之，只要有心，生活中处处可以学到PPT。

02 如何存储

从各个地方找到资源后，怎么进行保存呢？笔者询问了一些朋友，他们的答案如下表所示。

笔者之前也按如此方法存储找到的资源，结果是资料凌乱地存于各处，要用时经常找不到。比如转发过的微博，找很久都找不到；终于找到时，竟发现原微博已经删掉了！后来，笔者开始尝试使用云笔记和网络采摘工具存储和整理资料，效果事半功倍，这里推荐给大家。

博文	收藏、转载
微博	收藏、截图
网站	添加书签、收藏、截图
杂志、海报	拍照

1. 云笔记

云笔记最大的优势在于：多屏同步，永远保留。当你在网上看到一些有价值的资料时，不妨将其复制到云笔记中，并添加标签。这样坚持一段时间后，你会发现，你已有了一个自己的PPT知识体系。其实这种整理方法也可用于平时的工作生活之中，对于个人提升是有百利而无一害的。

网络上有多款云笔记软件，笔者比较喜欢的是印象笔记。因为它不仅拥有云笔记产品共同拥有的记录功能和多平台功能，而且拥有很多有用的插件，方便摘录和管理。

印象笔记及其插件可以在这里下载安装：http://www.yinxiang.com/。

这里重点推荐两个插件。

❶ **印象笔记·剪藏**：安装好这个插件后，我们能够很方便地将网上看到的图片、文本和链接保存到印象笔记之中。每当我们在微博上或达人博客上看到好的文章，就可以选中文章的精华部分并单击鼠标右键，在右键菜单中执行"印象笔记·剪藏"命令及其相应的子命令，完成保存。

▲ 此案例的色块运用很有特色，故在图片处单击鼠标右键，在右键菜单中执行"印象笔记·剪藏"命令，将其保存到印象笔记中

选自新浪微博@小巴_1990分享的一个PPT

❷ **我的印象笔记（微信）**：在微信的公众号里关注"我的印象笔记"后，你可以轻松地将微信上看到的优质内容保存到印象笔记中。操作方法是：先点按微信界面右上角的"…"图标，然后选择"我的印象笔记"。

我们可以关注"秋叶PPT"等PPT学习微信，并将看到的优质内容保存下来。

Tips

对于转存到印象笔记的微信，请记
得在电脑客户端上：
① 贴上标签，以便之后查找。比如
引例可以贴上"表格"和"秋叶"的
标签。
② 及时删减，留下最有用的部分。

▶ 笔者很喜欢这篇文章，点按微信界面右上角的
"…"图标，并选择"我的印象笔记"，该篇文章
就保存到了印象笔记对应的文件夹里
"秋叶PPT"的微信公众号

2. 采摘工具

若嫌笔记软件太麻烦，且想整理的
文件多为图片或视频，那么可考虑使用
采摘类的工具。这里推荐花瓣网：http://
huaban.com/。安装好对应的插件后，
在浏览网页时，若光标在某个图片或视
频上停留，就会出现"采摘到花瓣"按
钮。采集好的图片和视频会存入我们的
花瓣网账号。

▲"采摘到花瓣"按钮

▲ 笔者的花瓣网

Tips

如果采摘的内容多集中在微博上，
也可以使用新浪推出的"微刊"功
能（百度搜索即得），其操作方式类
似于花瓣网。顺便推荐一下笔者的
微刊"PPTao"（http://kan.weibo.
com/1770460982）。

无论是用印象笔记，还是用花瓣网采摘工具，都请注意做到以下两点。

❶ **加几句话**，说明为什么要摘录这个内容。文字可短可长，自己能看懂即可。

▲ 文字可以帮助理解当时采摘的用意

❷ **一段时间后进行一次整理**，建议用博客形式整理，因为他人可以看见，方便与他人交流。

▲ 笔者在博客上整理的心得收获

03 PPT元素获取小技巧

以上讨论的都是如何保存网上资源。还有一种情况是：我们拿到了他人的PPT原始文件，想从中获得想要的PPT元素。这时该怎么办呢？

最简单的方法就是：打开这个PPT，要什么拿什么。

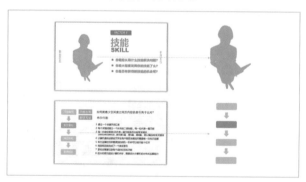

▲ 需要人物剪影就拿人物剪影，需要逻辑图就拿逻辑图

但我们可能会遇到这样的情况：一是有些元素我们提取不出来，比如音频和视频；二是图片很多，一张张提取太麻烦。这时又该怎么办呢？

▲ 音频或视频不方便从PPT中直接获取

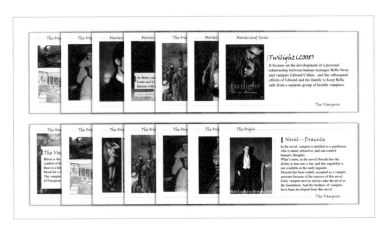

▲ 一张张图片复制粘贴太麻烦

解决方法很简单，只需3步。

❶ 将PPT重命名为"***.RAR"，按回车键，PPT文件就会变成一个压缩包。

❷ 用解压软件解压这个压缩包，得到一个文件夹。

❸ 需要的元素就在这个文件夹中"ppt"文件夹内的"media"文件夹里。

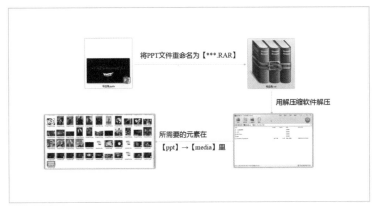

▲ 如何快速取出PPT中的元素

Section 02

如何拆一个PPT

现在我们拿到了拆解的原材料,下一步要做的就是对其进行解剖,找到其有用的部分,为我所用。这里以PPT类原材料的拆解为例进行讲解,其余材料的拆解只涉及其中某个或某几个方面。

01 字体搭配

该PPT用了几个字体?哪个字体作为标题,哪个字体作为正文?标题和正文的字号各是多少呢?

▲ 该PPT用了3种字体:康熙字典体、微软雅黑和华康俪金黑。康熙字典体作为标题字体,微软雅黑作为内容字体,其余突出部分用华康俪金黑。字号分别是:28、18和24

02 图文搭配

如果没有图,文字是如何突出要点的?如果既有图又有文字,两者是如何搭配的?

▲ 左页PPT:左图垂直居中对齐;文字处标题往左突出;图形整体与文字整体垂直居中对齐。右页PPT:3图上下居中对齐;文字放在圆形色块内,与3小图上下居中对齐

03 色彩搭配

该PPT使用了几种颜色？它们扮演的角色如何？与该PPT的内容有何关系？

▲ 该PPT使用了包括黑色与灰色在内的7种颜色，除了黑白，其余每种颜色代表了一个部分

04 形状搭配

该PPT用了哪些形状？起到了怎样的效果？

▲ 该PPT大量使用了圆形和矩形用于引导，圆形强调了"一家人"的理念

Tips

推荐使用"印象笔记·圈点"来做PPT的拆解笔记，它可以很方便地勾画出重点部分，并保存到印象笔记之中。

05 图表图示

该PPT用了什么图表和图示? 表示了什么关系?

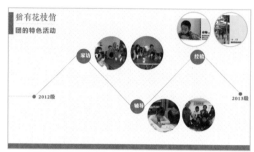
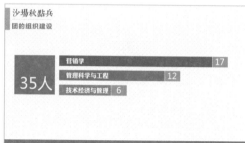

▲ 左页PPT使用了时间轴,起伏表示,有效利用了页面空间;右页PPT使用了条形图的变形,体现了比例关系

06 动画衔接

该PPT用了哪些动画? 起到合理衔接的作用了吗?

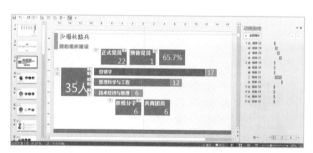

▲ 擦除动画和浮入动画相结合,有一定变化效果

07 逻辑架构

该PPT是按什么逻辑进行架构的? 架构是否清晰?

可以看出,一个PPT的拆解过程其实就是按照本书前面章节讨论的维度,一步步分析其优点和缺点,优点为我所用,缺点则作为警示,提示自己以后不要犯同一错误。

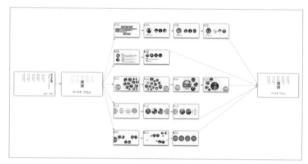

▲ 该PPT以颜色作为引导,直观地让各部分分割开来

278

从PPT达人博客中学拆解攻略

大多数PPT达人都有自己的博客，那里有他们的作品展示。通过拆解他们的PPT，我们可以"偷"学一些风格，用到以后的工作学习中。

01 让PPT设计NEW一NEW

网址： http://lonelyfish1920.blog.163.com/

博主： Lonely Fish

简介： 博主是管理咨询从业人员，其博客侧重分享工作型PPT设计方法与PPT的创新理念。

拆解指南： 如何让文字与图片相映成趣？
① 文字简短；② 图片柔和；③ 配色清淡。

02 Presenting to Win

网址： http://www.arshina.com/

博主： 杨天颖

简介： 博主是一位自由培训师，其博客主要侧重传授演讲和PPT方面的技巧。其作品大气内敛，并不一味强调少，而是注重信息传递的完整性，很适合商务人士参考。

拆解指南： 如何在字多的情况下保持页面的协调？
① 多使用逻辑图；② 配色深沉；③ 注重亲密性排版规则的运用。

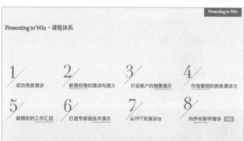

Tips

新浪微博@乌拉拉80和@Teliss的商务类PPT也做得不错，**随书光盘\优秀PPT**中有附，大家可以参照学习。

03 孙小小：闻见知行·分享

网址：http://xiaoxiaosun1978.blog.sohu.com/

博主：孙小小

简介：博主是一位自由培训师，其博客主要宣传PPT制作的一些思想。其作品风格独特，使用了很多简笔画元素，看起来活泼有趣。有一定绘画基础的朋友可以尝试在PPT中参考使用。

拆解指南：PPT中如何使用简笔画？

① 简笔画不求精致，但要惟妙惟肖；② 一定要配字，但字要少；③ 可以在全屏情况下用荧光笔画，也可以手绘后拍下来。

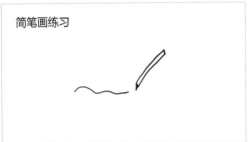

Tips

如果你对视觉化思维比较感兴趣，不妨关注臧贤凯的博客"视觉思维之禅"（http://zangxiankai.blog.sohu.com/），那里有很多操作技巧和案例讲解。

04 般若黑洞

网址： http://hi.baidu.com/paratop

博主： 般若黑洞

简介： 此博客重点是传授大量PPT技巧，分享设计经验和一些PPT资源。博主是西北大学的在读博士，故其作品多为理工科相关。

拆解指南： 如何制作理工类PPT？

① 使用冷色系（蓝色、灰色和咖啡色等）；② 多用图表图示。

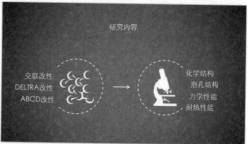

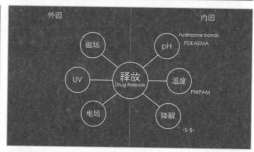

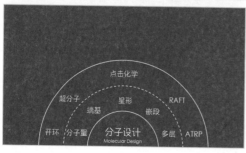

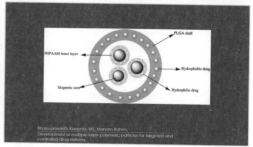

Tips

! 如何画出上左图中的半圆？① 插入圆形，并设置好填充颜色和形状轮廓；② 复制，粘贴时选择"粘贴选项"为"图片"（参见本书64页将文字以图片形式粘贴的方法）；③ 裁剪得到需要的部分。

05 无敌的面包

网址： http://home.rapidbbs.cn/home.php?mod=space&uid=225633&do=thread&view=me&from=space

博主： 无敌的面包

简介： 这位PPT达人没有博客，但在锐普PPT论坛上有自己的主页。他的PPT一直坚持"素食主义"，强调：① 简化画面元素；② 简化配色方案；③ 简化动画效果。总之一切都为内容服务，多余的"油腻食物"一概不要。

拆解指南： 如何制作单色系PPT？
① 最主要是控制色彩："一主色+灰（黑）色"，主色可以变换明度；② 如果可能也最好控制配图的色彩：调为黑白或与主色一致。

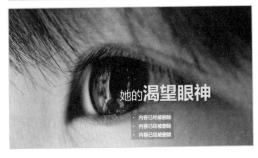

06 曹将的学习笔记

网址： http://blog.sina.com.cn/caojiangppt

博主： 曹将（笔者）

简介： 博主中山大学研究生毕业，博客内容涉及PPT设计经验分享，作品则围绕大学生生活与文献阅读。前期作品比较偏重少、素，后期则强调内容的完整性，即让读者拿着PPT就能获取要点。

拆解指南： 如何制作学术型PPT？

① 逻辑性要强，导航页不可少；② 信息要完整，重点要突出；③ 配图要严谨，宁缺毋滥。

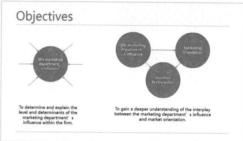

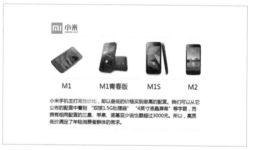

Tips

以上PPT都可以在**随书光盘\曹将作品**中找到。

07 说服力（PPT·逻辑·设计·技巧·演讲·读书·分享）

网址：http://www.70man.com

博主：秋叶（该博客现已由他人接管，不过之前的内容仍然保留）

简介：此博客最大的特点是聚合了很多PPT爱好者的投稿作品，所以在这里你可以看到各种各样的风格。

拆解指南：建议在掌握一定技巧后再来这里学习。

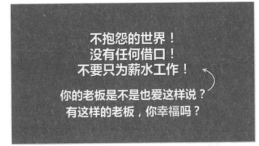

Tips
该博客除了有优质PPT的分享，还有博主的育女心得、营销手记和大学生来信等栏目，十分值得一看。

Section 04 这些也能拆?!

我们的生活没有必要围绕着PPT进行,但我们可以从生活中发现PPT的踪影。保持发现的热情,身边都是PPT。

01 报纸

从报纸上学习PPT有一个独特的好处,就是它的"大众性"。如何理解这个"大众性"?在学习PPT的过程中,很多人都会陷入一个误区,把PPT的设计与"平面设计"相提并论,最终导致制作过程冗长。PPT只是一个辅助展示的工具,用平易近人的方式表达和强调观点即可,而这正是报纸最擅长的。

某报

▲ 从报纸上学习如何有层次感地排列文字

02 杂志和画册

在这里必须郑重地提个醒:杂志和画册为了增强观赏性,通常会使用大量冲击力极强的图片和排列十分"艺术"的文字,对于仅仅用来汇报工作、投影出来分辨率较低的PPT,若不加判断地模仿,有时会弄巧成拙。不过,对于封面和比较特殊(比如文娱类)的PPT,可适当模仿。

雅安大熊猫宣传册

雅安四人行迹
Our story in Yaan

▲ 从杂志上学习图文排版方法

03 包装

消费者多会通过包装设计的好坏判断商品品质的优劣,所以商家在包装设计上大多下了狠功夫。我们从包装上可以找到封面设计的灵感。

小米手机包装盒

▲ 从包装上学习封面设计方法

04 网站

网站的参考意义仁者见仁，智者见智：反方的意见集中于"它传递的信息量太多"，与PPT的简洁性相违背；正方的意见则是我们可以只取其大致框架，太琐碎的东西不去考虑。

▲ 从网站上提取设计框架

05 指示牌

你知道Windows 8的界面风格来源于哪儿吗？地铁的指示牌！要想很好地实现指引功能，指示牌的设计必须简洁，突出主要的内容。这也可以为PPT所用。

▲ 从指示牌上学习指引方式

所以正如罗丹所说：生活中从不缺少美，而是缺少发现美的眼睛。时刻留心，处处都有PPT。下次等车无聊的时候，不妨拿出手机，随手拍下身边的拆解素材。

Test 课后作业

看到这里，你是不是更加确信，原来生活中处处都是PPT？

请访问笔者的花瓣网主页http://huaban.com/caojiang/，这里有笔者采摘的大量创意来源。你也来拆一拆！

一个PPT菜鸟的成长轨迹

专题 Topic 10

想来从最初接触幻灯片时的一无所知，到现在被身边的朋友称为PPT达人，已经过去了6年。这一路跌跌撞撞，曾为某页排版纠结到深夜，也曾为某个想法与人争得面红耳赤。正因为有过这样的付出，才有得到认可时的无限满足。相信你也可以！不仅在PPT的制作方面，也在人生的其他领域。再次感谢你购买此书！

2008年9月的思修课上，老师在介绍课程安排时，要求我们组成小组进行调研，最后在课堂上进行PPT展示。当时笔者不知道什么是PPT，就问室友。他说："不就是幻灯片吗？"哦！可当时笔者竟然还认为幻灯片是那种放一张纸在某方形亮块上，然后成形的过程。

笔者第一次真正意义上的PPT展示发生在英语老师欣欣的课上。那时欣欣把课文拆分为若干部分，由全班同学分别"认领"，准备好PPT，到课堂上展示给大家。记得当时笔者在机房制作PPT，打开PowerPoint 2007，看到"单击此处添加标题"就加入标题，看到"单击此处添加文本"就添加文本。码了一些字后看到旁边一个女生也在制作PPT：她在网上找到一张图，将其拖到PPT里，拉伸边缘就成了PPT的背景。哇，好炫！笔者赶紧依葫芦画瓢。

▲ 笔者当时制作的丑陋PPT

课堂上笔者的展示闹了个笑话。笔者太紧张，以至于忘了选择全屏播放，就在编辑状态下把内容讲完了。欣欣无语地说了句："你竟然没播放就讲完了！"

虽然出了丑，但笔者并没有"改过自新"的冲动。笔者一方面认为这个失误下次可以避免，另一方面觉得其他同学的制作水平也差不多，好看也就好看那么一点。直到之后笔者转到实验班，遇见了班里的PPT达人——罗然。

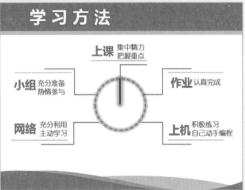

▲ 罗然制作的《运筹学简介》PPT

这就像参加长跑，你在一群人之中，和大家一起以某个速度前进，不会感觉异样。但若前方还有个人影，拉开了你们一段距离，这时如果你想取得好名次，你就会不由自主地加快步伐，努力想赶上那个人影。罗然就是那个人影。他的每次展示之于全班来说都是次享受，而他前面和后面的同学都会毫无意外地成为"炮灰"。

也就是在那个时候，笔者下定决心，好好学学这个叫PowerPoint的软件。

学习过程的第一步是看书。笔者找来当时市面上的各种书来看，虽然看书时感觉收获丰富，实操时却下不了手。笔者又去了各类博客上逛，有具体任务时就模仿达人的作品。这样"盗版"多次之后，也会想要自己加点"料"。后来想法越来越多，竟也慢慢形成了自己的风格。

这一过程中笔者参加了秋叶老师的PPT征集活动，作品幸运入选，并有机会与他进行了更多的合作。这样一直制作PPT作品，并在博客里留下感悟，慢慢累积，竟也有了几十个作品、几十篇文字，也因为PPT得到了老师和同学的肯定。

在学习PPT的过程中，笔者的一些相关经历也起到了一定的帮助作用：其一是摄影，其二是平面设计。笔者在班里担任宣传委员，平时需要拍摄活动照片，设计班级宣传海报，在这些过程中笔者对排版、色彩等有了更深入的理解。

到了研究生阶段，笔者一开始以为之后更多的是研究，不会再有那么多小组展示了。可"事与愿违"，更多的PPT展示来袭：组队，内容商定，制作PPT，展示。每次展示，笔者给自己定的标准都是"不一样"！笔者把当时看到的新的想法都弄到PPT里，这样PPT每次都能"焕然一新"，在至少一方面有新的提升。

到研一结束，笔者又完成了30个完全不一样的PPT。从最初到现在，笔者一共完成了超过80个PPT。

总结这一路，笔者有两点感触最深：其一是标杆的重要性，其二是积累的必要性。

记得本科时一位学长曾经说过，摄影技艺提高的程度更多地在于走过多少路和看过多少书，而不仅仅在于按过多少次快门。这对于PPT同样适用。

毕竟，一切外化的东西都是你内心的外露。

最后，谢谢PPT，它让我成为了better me。

也希望它能让你的生活更美好！

▲ 笔者参加比赛的作品《毕业记》

附录 Appendix

价值超高的
PPT干货分享

Section 01
你需要知道的PPT交流平台

Section 02
你需要知道的快捷键

Section 03
需要了解的PPT相关软件和插件

Section 04
关于PPT的一些疑问解答

扫一扫，更
多惊喜哦

扫描二维码，关注笔者微信

Section 01 你需要知道的PPT交流平台

本书的讲解难以面面俱到。遇到问题时大家可以去网站、论坛求助，也可找达人咨询。也欢迎到笔者的微博（@曹将PPTao）留言。

01 PPT模板网站

网站名称	网　　址
无忧PPT	http://www.51ppt.com.cn/
站长素材	http://sc.chinaz.com/ppt/
PPT宝藏	http://www.pptbz.com/
templateswise	http://www.templateswise.com/
Office Templates	http://office.microsoft.com/en-us/templates
NordriPPT	http://nordridesign.cn

02 PPT论坛

论坛名称	网　　址
锐普PPT	http://www.rapidbbs.cn/
扑奔PPT	http://www.pooban.com/
无忧PPT	http://www.51ppt.com.cn/
我爱PPT	http://iloveppt.cn/

03 PPT达人博客和微博、微信

1. 这些博客很精彩

新浪微博名	博客名	博客地址	二维码
@秋叶	说服力	http://www.70man.com/	
@Lonely Fish	让PPT设计NEW—NEW	http://lonelyfish1920.blog.163.com/	

新浪微博名	博客名	博客地址	二维码
@大乘起信_vht	PPT设计及其他	http://pptdesign.blogbus.com/	
@般若黑洞	般若黑洞	http://hi.baidu.com/paratop	
@演说非常道	演说非常道	http://www.loveppt.com	
@小蚊子乐园	小蚊子乐园	http://blog.sina.com.cn/xiaowen-zi22	
@蝇子	基于PPT的课件制作	http://quick-learning.blogbus.com/	
@孙小小爱学习	孙小小	http://xiaoxiaosun1978.blog.sohu.com/	
@让PPT飞起来（腾讯微博）	让PPT飞起来	http://pptshare.qzone.qq.com/	
@杨天颖 GaryYang	Presenting to win	http://www.arshina.com/	
@枫桥PPT 创意坊	枫桥PPT创意坊	http://blog.sina.com.cn/pptcreate	
@商务演示 马建强	超强说服力商务演示	http://blog.sina.com.cn/majq	
@上传下载的 乐趣	上传下载的乐趣	http://blog.sina.com.cn/liyang-yang1126	
@小秦策略PPT	小秦Startegy的博客	http://blog.sina.com.cn/xiaoqin-strategy	
@PPTworld	PPTworld	http://hi.baidu.com/pptworld	
@无敌的面包	无敌的面包的锐普个人空间	http://home.rapidbbs.cn/?225633	

293

（续 表）

新浪微博名	博客名	博客地址	二维码
@且行-教育技术论坛	且行资源	http://www.qiexing.com/	
@西岭夜雪	西岭雪的好看簿	http://www.haokanbu.com/user/15748/	
@屠宰场屠夫	PPT形象宣传及营销应用	http://blog.sina.com.cn/bestoffice	
@刘万祥ExcelPro	ExcelPro的图表博客	http://excelpro.blog.sohu.com	
Garr Reynolds	Presentation Zen	http://www.presentationzen.com/	

2. 这些微博很有料

@我爱PPT	@秦阳	@油杀臭干	@小贤去哪儿
@Simon_阿文	@PPT精选	@小巴_1990	@Nordri_刘浩
@臭人鹏	@Dandoliya	@Teliss	@郭俊秀Junxiu
@鱼头PPTer	@红策划	@乌拉拉80	@小贤去哪儿

（以上均为新浪微博）

3. 这些微信很不错

微信名	微信号	微信名	微信号
曹将PPTao	CJPPTAO	秋叶PPT	PPT100
面包PPT分享	Bread_ppt	策划微讲堂	iPR-Wethink
让PPT飞起来	pptfly		

你需要知道的快捷键

可以毫不夸张地说，快捷键可以让你的制作速度提升30%以上！特别是"非常有用的快捷键"，请一定牢记！

1. 非常有用的快捷键

快捷键	说　明	快捷键	说　明
Ctrl+C	复制内容	Ctrl+D	创建选中对象副本
Ctrl+V	粘贴内容	Ctrl+G	组合对象
Ctrl+X	剪切内容	Ctrl+Shift+G	取消组合
Ctrl+Shift+C	复制格式	Ctrl+"↑↓←→"	以最小单位移动对象
Ctrl+Shift+V	粘贴格式	Alt+鼠标拖动	以最小单位移动对象
Ctrl+Z	撤销前一步操作	Ctrl+Shift+">"或者 Ctrl+"}"	增大字号
Ctrl+F	查找	Ctrl+Shift+"<"或者 Ctrl+"{"	减小字号
Ctrl+A	全选		

2. 很有用的快捷键

快捷键	说　明	快捷键	说　明
Ctrl+鼠标滚轮（向上）	放大工作区	（PPT播放时）按W键	屏幕变白（再按其他键恢复）
Ctrl+鼠标滚轮（向下）	缩小工作区	Ctrl+S	保存文档
（PPT播放时）按B键	屏幕变黑（再按其他键恢复）	Ctrl+O	打开文档

3. 有点用的快捷键

快捷键	说　明	快捷键	说　明
Ctrl+L	居左	Ctrl+B	加粗
Ctrl+E	居中	Alt+F9	显示（隐藏）参考线
Ctrl+R	居右	Shift+F9	显示或隐藏网格
Ctrl+Shift+R	增加缩进量	Alt+F9	显示或隐藏参考线
Ctrl+Shift+L	减少缩进量	Ctrl+"="	将文本更改为下标（自动调整间距）
Ctrl+U	添加下划线	Ctrl+Shift+"="	将文本更改为上标（自动调整间距）
Ctrl+I	改为斜体		

需要了解的PPT相关软件和插件

Section 03

这里推荐几个PowerPoint的小伙伴，可使你的制作锦上添花。其中pptPlex和超级工具包可在随书光盘\给力插件中找到。

01 PowerPoint替代品：Prezi

桌面版下载地址：http://prezi.com。

Prezi是一个类似于PowerPoint的幻灯片制作与演示的在线应用（也有桌面版），其效果华丽，能随意放大缩小，制作方式新颖，是对传统演示软件的一种挑战。笔者认为，该软件最大优势在于让用户的演示更有逻辑，因为用户必须有完整清晰的框架，才能在其"画布"上随心所欲。

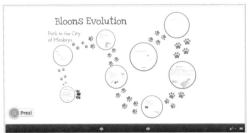

▲ Prezi制作的演示文稿页面更大胆，转换效果更华丽

02 Prezi的竞争插件：pptPlex

面对Prezi的攻城略地，PowerPoint也并非一筹莫展。Office实验室开发了一款名为pptPlex的插件，基本上能实现Prezi的功能：能随意放大缩小，同时能更有逻辑地呈现。

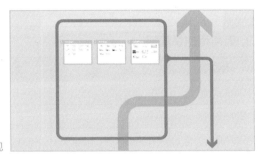

▶ 类似于Prezi的逻辑化呈现

▲ 在安装完该插件后，PowerPoint中会多出pptPlex的选项卡

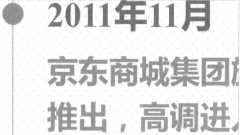

▲ pptPlex的放大倍数非常大

03 多功能整合插件：超级工具包

下载地址：http://blog.sina.com.cn/s/blog_82955eae0100wk7r.html

超级工具包是新浪微博@Excel大全开发的一个多功能插件，其本质是一款PowerPoint平台下使用VBA开发的加载宏。它整合了许多非常有用的PPT工具，包括批量设置字体、屏幕取色、调色板、幻灯片拼图、导出高清图片、插入Flash文档、批量导出或删除备注、批量删除动画、拆分文档、图片资源搜索等，可以极大提高PPT制作效率。

▲"超级工具包"选项卡

04 PowerPoint时间轴插件：Office Timeline

下载地址：https://officetimeline.azurewebsites.net/index.aspx

Office Timeline是一款实用的时间轴插件，对于经常制定计划的朋友是个不错的选择。它有免费版和收费版两种，一般来说免费版就能满足我们的需求。

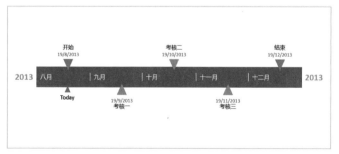

▲ 利用Office Timeline制作的时间轴

05 PPT压缩软件：NXPowerLite

下载地址：http://www.nxpowerlite.com.cn/

NXPowerLite是一款Office压缩软件，它能通过智能地压缩图片和文字来优化Word、Excel和PowerPoint文件。我们只需选择需要压缩的Office文件，然后选择适当的压缩级别并单击"压缩"按钮，即可完成操作。

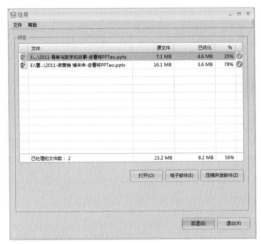

▲ 两个PPT文件的压缩比率分别为35%和78%

06 PPT计时软件：PPT计时器

下载地址：http://www.janusec.com/download/，选择"Janus PowerPoint Count-down Timer"。

这是一款小巧的计时软件，安装并设置好时间后，一旦PPT开始播放，软件即开始倒计时，特别适用于限定时间的演讲。

▲ PPT页面右上角为计时器的界面

Section 04

关于PPT的一些疑问解答

经常会有朋友在微博上问笔者一些关于PPT的问题，这里笔者将一些出现频率较高的做一下整理，希望对大家有所帮助。

01 为什么要选择PowerPoint 2013?

本书中笔者选择微软最新推出的PowerPoint 2013进行讲解，原因无外乎它的功能更多、操作更加简便。以下大部分功能在本书前文中已有涉及，这里做个总结，便于大家参考使用。

1. 更简易的"演示者视图"

以前的版本中，要调入演示者视图需要进行各种设定，操作繁琐还容易出错。在PowerPoint 2013中，我们只需在幻灯片放映视图中右击，在弹出的快捷菜单中选择"显示演示者视图"选项即可进入演示者视图。

▶ 选择"显示演示者视图"选项

在演示者视图中，我们可以查看备注（观众看不到），预览下一页内容，以及放大幻灯片大小等。

▲ 在演示者视图里有多种实用功能

2. 好用的"合并形状"

　　熟悉PowerPoint 2010的朋友可能会吐槽：这功能2010版也有啊！但是，之前它都藏在隐蔽的自定义功能里，一般人很难发现。但在2013版里，它终于不再"躲躲藏藏"，并且还多了一项功能——"拆分"（以前是联合、组合、相交、剪除）。有了这个工具，我们可以画出默认形状中不包含的形状。

▲ 更加强大且更加好用的"合并形状"功能

3. 方便的"取色器"

　　配色的一大困难就是取色，虽然可以通过外部软件获取，但毕竟还是要记录其RGB值再输入到PowerPoint中"其他填充颜色"选项对话框的"自定义"选项卡中，无端增加了很大工作量。有了取色器，我们可以直接把图片截取到PowerPoint中，然后利用取色器摘取想要的颜色，该颜色即进入到"最近使用的颜色"选项组里。

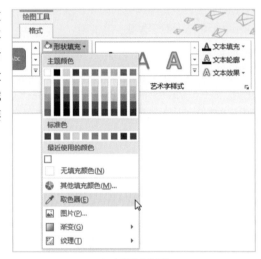

▲ 方便的取色器

4. 让人惊喜的"动作路径结束位置"

　　以前的动作路径一大诟病就是我们在制作时很难把握其目的地，结果很容易"走偏"。而在PowerPoint 2013中创建动作路径时，PowerPoint会显示对象的结束位置。原始对象始终存在，而"虚影"图像会随着路径一起移动到终点。

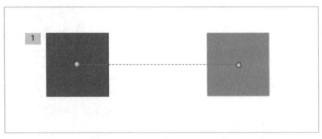

▲ 虚影部分为动作路径结束位置

02 PowerPoint还有哪些有用的小功能?

1. 节

从PowerPoint 2010开始,微软加入了"节"这个功能,它允许我们将一个块别的幻灯片归类。只需在PowerPoint左侧幻灯片缩略图的空隙上右击,即可在弹出的快捷菜单中看到"新增节"选项。设定好后,进入幻灯片浏览视图,即可清晰看到PPT的层次。

▲"新增节"的调出方式　　▲ 在幻灯片浏览视图中可以清晰看到各部分的层次

"节"可以为PPT制作带来一定的便利,特别是当幻灯片量很大的时候。比如我们整合PPT时,可以为每个部分设定对应的节,需要修改时就能马上定位。

2. 隐藏幻灯片

如果我们不想某页幻灯片在放映时显示,可以在左侧幻灯片缩略图窗口中选中它,右击,在弹出的快捷菜单中选择"隐藏幻灯片"选项。

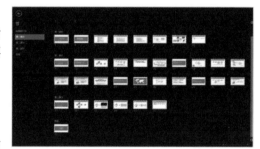

▲ PowerPoint 2013中播放幻灯片时,Ctrl+鼠标滚轮向下滚动时会出现这个画面,实现快速定位

我们有时会一时冲动删掉某页幻灯片,过后又发现它还有点用,可是这时已无力回天。在这里推荐一个小技巧:当感觉某页暂时没用时,将它隐藏并拉至幻灯片末尾。这样在播放时,被隐藏的页面不会出现。若过后觉得它还有用,就将它直接拉上来取消隐藏。

3. 插入相册

出去旅行一趟,拍摄了上百张照片,想要做成PPT与朋友分享。可是一张张插入图片太过麻烦,有没有更简便的方法?

当然有!单击"插入"选项卡中的"相册"按钮,在下拉列表中选择"新建相册"选项,设定好相应参数后即可。

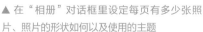

▲ 在"相册"对话框里设定每页有多少张照片、照片的形状如何以及使用的主题　　　▲ 最后呈现的模样，再做少量加工即可与他人分享

4. Office应用程序

在PowerPoint中有一个经常被大家忽略的功能，就是"Office应用程序"，它在"插入"选项卡中。

▲ Office应用程序　　　▲ Office相关应用程序，在"特色应用程序"页面中可下载更多

它是做什么用的呢？简单来说，就是外部开发者在Office的框架下开发的一些小应用（类似于手机APP），我们可以通过这些应用完成一些快捷操作。

▲ 通过Pro Word Cloud可以生成文字云

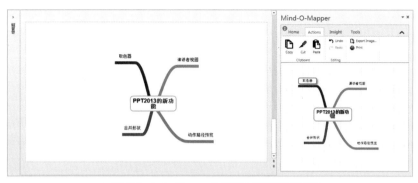

▲ 通过Mind-O-Mapper可以制作简易的思维导图

是不是很好玩?

5. 快速替换字体

在PowerPoint中替换字体有以下两种思路。

其一是单击"开始"选项卡中的"替换"按钮,在下拉列表中选择"替换字体"选项并在弹出的"替换字体"对话框中进行设定。

其二是通过"设计"选项卡"变体"选项组中的"字体"选项进行设定。

图书在版编目（CIP）数据

PPT 炼成记：高效能 PPT 达人的 10 堂必修课 / 曹将编著 . — 北京：中国青年出版社，2014.4
ISBN 978-7-5153-2211-7
I. ①P… II. ①曹… III. ①图形软件 IV. ①TP391.41
中国版本图书馆 CIP 数据核字（2014）第 033865 号

PPT炼成记：高效能PPT达人的10堂必修课

曹将　编著

出版发行：中国青年出版社
地　　址：北京市东四十二条 21 号
邮政编码：100708
电　　话：（010）50856188 / 50856199
传　　真：（010）50856111
企　　划：北京中青雄狮数码传媒科技有限公司

策划编辑：张　鹏
责任编辑：张海玲
封面设计：六面体书籍设计　彭　涛　孙素锦

印　　刷：北京建宏印刷有限公司
开　　本：787×1092　1/16
印　　张：19
版　　次：2014 年 4 月北京第 1 版
印　　次：2017 年 6 月第 14 次印刷
书　　号：ISBN 978-7-5153-2211-7
定　　价：49.90 元（附赠网盘下载资料，含精华素材）

本书如有印装质量等问题，请与本社联系　电话：（010）50856188 / 50856199
读者来信：reader@cypmedia.com　　投稿邮箱：author@cypmedia.com
如有其他问题请访问我们的网站：http://www.cypmedia.com